麻煩主管，請不要再找我碴！

說服 超前 力推 換位 跳脫

用五招「出色溝通」管理你的頂頭上司

人力資源管理指定
頻率最高的溝通力講師　莊舒涵（卡姊）／著

推薦序

讓每位共事過的老闆，都能成為貴人

文／李崇言（安達人壽總經理）

家人是上輩子的冤親債主，不論順不順眼，一輩子割捨不了！再怨，也只能吞了！

朋友可以自己選擇，氣味相投才能成為手帕交，混成狐群狗黨！一輩子相知相惜！

工作中遇見的老闆，這就不好說了！

你若有足夠的傲氣，與拔尖的才能，的確可以不合則離，扭頭離去。但人生海海，人肉鹹鹹，你怎能確定下一個老闆會更好？一直換工作就能找到你職涯中的伯樂嗎？在我多年面談新進員工的經驗中，一個頻繁換工作、一直換老闆的求職者，反而讓主試者覺得面試者的問題比較大，比較不可靠。

「可是，真的！是我老闆的問題，我才做不下去的呀！」面試的你哀怨的說。

是的！

有的老闆攬功諉過，踩著員工的頭往上爬；

有的老闆沒肩膀，十足透明人，不擔責任，不做決定；

有的老闆急性子，壞脾氣，讓你每天好像在龍捲風裡上班；

有的老闆見樹不見林，天天挑小錯，挑到你皮癢難耐；

有的老闆喜怒無常，搞不懂他是喜歡馬屁精，還是直言不諱的真君子？

有的老闆精明算計，在他面前，你是個徹底的傻蛋！

卡姊告訴你，不要懷疑，這些老闆你都有辦法能跟他們合作愉快！

我們要想清楚一件事：你的老闆之所以在職業生涯中拚到今天，能來做你老闆這個位置，總有他的努力與運氣。人有千百種，每個人都是一本深奧多層次的書，老闆的心有時也是海底針，各有他的盤算與口味；與其自己巴巴盼望有一天（不知哪一天？）能「良禽擇木而棲」，覓得良人良木，你是否可以轉念來練功？開始立志活在當下，打好手中的牌，讓自己變成一尾變色龍，透過有效的各種向上管理的小撇步，駕馭你跟老闆之間的關係；促動職業生涯中每個共事過的老闆，個個都能成為你人生的貴人，協助你職場生活順暢，讓工作與職場變成每天開心的桃花源。

卡姊的色彩學，已造福諸多粉絲，我欣賞卡姊教我們正面迎戰，藉由學習溝通的藝術，識人並管理人，活絡我們的人際關係，讓溝通不論是向上，還是平行，或向下溝通，都能變成愉悅又有效的的美好經驗。

職場好不容易，但也可以好容易

文／夏國安（訊連科技人資行政部協理）

主管與部屬的相處，總像一齣連續劇，每天上演著不同的劇情，而這齣戲是短集數的精緻劇？超過一百集的鄉土劇？抑或是一季又一季叫好又叫座的單元劇呢？是古裝劇？現代劇？還是科技未來／穿越劇？不論是哪一種戲碼，都希望可以入戲，而演對手戲的兩位，還能覺得彼此惺惺相惜，共創佳績。

但，美好的事情好像都不是這麼容易就發生，只要是人，就會有自己的個性、自己的期待、自己的價值觀、也有自己的理想要實現。進入職場，誰不想在最快時間內獲得主管的青睞，向上爭一口氣？但又不願意趨炎附勢、假鬼假怪，惺惺作態來得到這些成就。如果您也認同且有著同樣的期待，那麼舒涵這本《麻煩主管，請不要再找我碴！》會是您很好的思考良方。這本書中，她提供大家從不同的角度來觀察與思考這戲該如何演出，才能與主管共舞，取得最大的默契與績效，成為主管心目中的最佳男（女）主角。

是不是有種感覺，知道是一回事，看別人做是另一回事，等到自己要做了，就完全不是那回事了？請放心，這再正常也不過了。舉個例子，書中提到一個小故事，舒涵在公司的表現一直都是名列前茅，也非常的努力，卻在第三年得到退步的考績，主管跟她說：「妳覺得自己表現好，不代表主管覺得妳表現好，還有，即使主管覺得妳表現真的好，但也不代表別人沒妳好。」這對年輕氣盛有企圖心的舒涵，簡直是晴天霹靂，因為努力不是就該有收穫嗎？更何況自己已經算是組織中的資優生，明明表現就很好，沒有理由不進反退！但，我們可以想想，一齣戲會因為其中一個角色表演突出就好看嗎？還是因為全劇演員都能恰如其分的演出自己的部分，所以戲好看？自己把角色詮釋地淋漓盡致，就該得最佳男（女）主角獎？還是，其實需要理解導演心中想要呈現的戲劇張力，調配自己的演出能量，並盡情發揮才能當選最佳男（女）主角？答案無疑是後者，難就難在怎樣才能讀懂主管腦袋中思考與在意的事情。也因此這本書解剖了主管的個性，隨著不同的職場情境，幫各位分成了不同的類型，讓大家有一個脈絡可循可參考，不再瞎子摸象，誤觸地雷。這些都是從舒涵自己的職場互動實務中一一撞擊出來的經驗法則，加上她豐富的授課經驗，從客戶處了解的各式各樣的案例，加以消化整理，淬鍊出來的心法。

在了解主管需求這件事情上，我認為其中最難的是，向主管反映不舒服的事情，以及扭轉主管錯誤印象，這兩件事情都跟信任度有關。如果您跟主管信任度高，這兩件事情就很容易直說並得到解決；如果信任度還不夠深，或者對於彼此信任度認知有差異，處理這類事情就會變得很隱諱、很棘手，舒涵書中提到的WAC法則（What/Ask/Check）在反映不舒服上很值得借鏡，但切記陳述時理性的態度與得宜的用字遣詞將會是成功的關鍵。

我與舒涵結緣的很早，但並不是一開始就有機會成為她的主管。而我們一起共事時所發生的事有幸被舒涵寫入書中（雖然我並不記得這件事情），她提到一個由黑翻紅重要的前提——部屬需要持續的自律，以專業取勝。「唯有靠部屬自己進修提升專業能力，並且將這些專業知識、技能轉移在工作績效表現上，讓主管發現部屬的迅速成長，而這成果得讓他有種看到寶的驚訝和震驚。」有心的主管才有機會幫您由黑轉紅，如果您仍停留在自怨自艾，不停地抱怨，那麼您只好繼續享受黑白的人生了。

認識舒涵將近二十年，很高興她職涯角色不斷地在轉化升級，現在出了第三本書，生命還在不停地往更好的方向積極努力、層層轉進。這本書，會是一本進入職場三年到十五年都可以閱讀的好書，不僅易讀易懂，相信有不同職場經歷的人讀來也會激盪出不同的火花。我相信讀後，您可以就此看懂一齣戲為什麼可以值回票價，但要成為主管心中那隻不可或缺的神來之手，還是需要靠您真的開始練習。

謹以此序，祝福舒涵繼續對人生用心認真，並且慢慢完成她的人生清單。

推薦序

向上管理跳恰恰

文／謝文憲（電視實境選秀節目「誰語爭鋒」總導師）

工作三十年，前十五年當夥計，後十五年當老闆，夥計老闆，一半一半，不敢說自己對向上管理有多在行，但我感覺自己特別有老闆緣。

我想聊聊自己的三個例子。

電子業跳恰恰

在電子業的第一份工作，高中學長是我的直屬主管，他除了引薦我進到公司當他的部屬外，後來在轉調同公司擔任採購、同業挖角我到另一家電子業擔任行政部門副主管，我都徵詢他的意見，他也鼓勵我勇敢嘗試。

我承認人與人之間相處是緣分，但「超前部署，充分獲得主管的信任」，我認為是成事關鍵。這感覺很像跳雙人恰恰，有人前進，另一人就得後退。例如，主管喜歡我超前部署，能夠好好表現的工廠尾牙舞台，或是秋季旅遊活動，我當仁不讓，一馬當先；當廠長要獎賞主辦單位，我都說是主管的功勞，久而久之，他給舞台，我不居功，就成為我們的相處模式。

房仲業跳恰恰

我從基層業務，到晉升店長，只花了兩年的時間，說長不長說短不短的日子裡，業務時期的區域主管，以及店長時期的區域主管，有段時間重疊是同一人，只是我從大安區的超級業務，調任桃竹區的基層店長，雖然晉升管理職，很慶幸都跟隨同一人。

主管很照顧我，除了給了我機會參選信義君子、全國金仲獎、兩度擔任全公司運動會桃竹區啦啦隊總指揮，並兩度拿下精神總錦標大獎，我跟他的相處也像是跳恰恰，不僅很有默契，配合得更是天衣無縫，我懂得「換位思考，彼此互相著想，就算換個位置，也能讓他少不了我」。

店長時期，有段時間績效不彰，總公司辦理逆轉磐石班（區域末段店長迎頭趕上的培訓），主管希望有人參加，我自知雖然團隊關係好，但績效落後是事實，我不想為難主管，更不想讓同僚犧牲，我第一個跳出來，連同另外兩位店長，三位店長視死如歸，最終一位過關，我與另一位店長被降級。同時期遇到九二一地震，兩個月後離開我十分喜愛的公司。不過換個角度想，若沒有當時視死如歸、換位思考的舉動，也不會有今天燦爛當火的我。

科技業跳恰恰

我跟老闆分屬兩地，我在台灣，他在澳洲墨爾本，他說的英文我聽不懂，我說的中文他鴨子聽雷，就因為我在先前公司的業務單位成績斐然，他錄取了我，不過要求我在半年之內，英文口說與書寫能力，必須快速跟上，否則我的試用期一到，英文若還不行，我就會被殺頭。

進公司前半年，業務工作與專業知識雖然困難，但英文更是難上加難，當時我的第二個兒子還沒滿周歲，還要每天晚上跑補習班上英文課，天氣再冷、雨下再大，我都維持每週一三五的英文課程習慣，說也奇怪，英文就是潛移默化的東西，寫久講久自然順暢，老闆也對我的英文讚譽有加，雖然沒有改頭換面，但一般日常溝通卻能游刃有餘。

「我能跳脫框架、扭轉老闆對我英語能力的負面印象，靠的其實是日常溝通，絕對不是六個月驗收的那一天」，我從日常通電話開始，到每天往來的E-mail，都很認真的準備，希望一點一滴的挽回他對我英文很爛的印象。

所以卡姊這本書，我很推薦招術二、四、五（超前、換位、跳脫）等三個篇章，對所有在向上管理上遇到困難、嘗盡苦頭的職場工作者，會有暮鼓晨鐘、警世提醒的良好功用，對於實務做法，更提供了有效藥方。

最後，我對向上管理的處事哲學，引用管理學大師彼得．杜拉克的名言：「對於老闆，你無需討厭他，更不必憎恨他，你只需將他當做達成工作目標最重要的資源。」

自序

這本書是一帖應對主管最好的處方籤

二〇二〇年因爲疫情的來臨，上半年實體課程一一被取消或延後，抓住時間空檔我和大大學院研發錄製了一門「讓主管懂你挺你的向上管理課」的影音課程，一次錄影時巧遇前輩謝文憲（憲哥），他說：「影音是直接賣給企業端，怎麼不再加些篇幅寫成一本書。」

時隔兩年沒再寫書的我回去後想了想，影音因爲是要銷售給企業，錄製時不能完全站在部屬的角色，甚至有些議題也不方便談，像是：討厭的主管該如何與他共事、愛被奉承的主管我一定得抱他大腿嗎？離職時又該怎麼走得漂亮……等等直接的主題。

這麼一個起心動念以及有時報出版的支持下，歷經十個月的時間，以二十八個職場向上管理溝通情境議題、一部電影——高年級實習生（The Intern）和二十個Q&A，來解開你和主管之間的○○××，希望能讓主管工作上不再找你碴，而是能請你喝杯茶。

這本書裡提到成功與失敗的故事、案例，都取自改寫於我在職場與講師生涯中，自己、同事、主管以及學員們的眞實故事。

在我的職場生涯中，待過科技業、傳產業和服務業，不同產業的公司文化、工作節奏以及人際間的互動關係都大不一樣，而主管的領導風格也有差異之處；科技業主管要求快、狠、準，傳產業相對在乎依規矩標準行事，而服務業在輕鬆的互動中卻最在乎微妙的人際和諧。

回想自己在職場中算是深得主管緣，與其說是我績效表現良好而被喜愛重視，我倒覺得是因爲擅於察言觀色，在不同的情境下懂得觀察並記錄每位主管的反應，再依據他們的性格和喜好，用他們熟悉或期待的模式互動。

面對同事們都公認很難搞的跨部門事業部主管時，我卻毫無此困擾，讓斤斤計較的協理將時間空出，把部門預算掏出做團隊訓練課程，讓不在鏡頭前露面的副總一早六點就來參與錄影，更讓總經理在尾牙現場穿上最抗拒的越南表演服。

只是這些成功的向上管理，都是經過先前一次次失敗所換取來的。我被拍過桌子、也被當作空氣不存在過、更曾被斥責說：「不要再那搞些有的沒的。」年輕時的我心也是很容易碎的，只是我選擇在樓梯間哭一哭、茶水間說一說，立刻重拾起目標換個方法繼續和主管們溝通。久而久之，每個主管在不同情境下的風格樣貌與應對方式也都能被我摸得一清二楚。

當然我也曾和一、二位主管怎麼磨合就是處不來，怎麼看他就是不喜歡，年輕氣盛時甚至會跟主管爭得面紅耳赤，遇上強勢主管就將委屈悶在心裡，更曾因爲不想再和主管共事而選擇離職……，這些你遇過的處境我也都經歷過。

後來，離開企業成爲「出色溝通力」課程的職業講師，這十年來在課堂上或下課後、教室內或粉絲專頁的私訊裡，最常被請教的溝通問題95%都和主管有關，各式各樣無奇不有，像是：「我愛上主管了怎麼辦？」而無論收到什麼問題，我一定會透過文字或錄音檔回覆，分享我的經驗和觀點。

在職場和創業的這十六年，我的成功從來都不是因爲幸運，而是我會去歸納整理出因人因時因地而異的應對方法和技巧，我會去分辨在各式情境下，人們會呈現出什麼模樣與他們所期待的溝通模式。

因此在這本《麻煩主管，請不要再找我碴！》中，我整理、歸納出在「面試」、「說服」、「超前」、「力推」、「換位」、「跳脫」、「離職」，這二十八個情境下的三個W一個H：

1. 主管會有哪些分類？（What）

2. 剖析主管的腦告訴你：他爲什麼這麼想那樣做？（Why）

3. 該怎麼應對？（How）

《麻煩主管，請不要再找我碴！》不單是本職場勵志書籍，我認爲更像一本工具書，在你和主管相處上遇到困境時，你可以依據主管的症頭查詢目錄，翻到對應的處方籤，先判斷主管類型、了解主管心情，最後再決定如何行動出擊。

祝福你不再被主管找碴，而是被主管請喝茶。

目錄

〔推薦序〕讓每位共事過的老闆，都能成爲貴人……002
〔推薦序〕職場好不容易，但也可以好容易……005
〔推薦序〕向上管理跳恰恰……010
〔自　序〕這本書是一帖應對主管最好的處方籤……015
〔寫在前面〕第一關：面試時搞懂主管，判斷是否天賜良緣……024

招術一 說服

主管不想聽，如何讓他聽我說？

1 請求主管支援，他總說「別來煩我，我好忙」怎麼辦？……032
2 如何讓主管接受我的新方法？……039
3 無法提出具體成效的案子該如何得到支持？……048

④ 怎麼跟主管開口談加薪、升遷？…………055
⑤ 主管要求你違反規則行事，做或不做？…………064
⑥ 主管老是愛改來又改去，要如何才不會做白工？…………071

招術二

超前

主管疑神疑鬼，如何博取他的信任？

① 緊迫盯人的主管爲什麼不放權？…………080
② 報告總是一再被主管修改，連標點符號也有意見時怎麼辦？…………087
③ 我沒有脾氣不好，主管卻老要我控制脾氣怎麼辦？…………094
④ 怎麼才能說出眞實的想法給主管聽？…………102
⑤ 我講的都是重點了，老闆卻還是老叫我講重點怎麼辦？…………109

招術三
力推
主管沒魄力，做個決定推推托托怎麼辦？
1 請示主管時，總是得到「要再請示高層」的回應怎麼辦？……118
2 有話爲什麼不直說，要怎麼聽出主管的話中話？……125
3 有聽沒有懂，要怎麼知道主管到底在說什麼？……133
4 主管做錯事，該告訴他嗎？又該怎麼提出呢？……142
5 情緒不穩定的主管，該如何見機行事好好相處？……151

招術四
換位
主管總是偏心，整天找我麻煩怎麼辦？
1 主管有私心如何取得資源……160
2 表現很好，考績卻不如預期怎麼辦？……168
3 主管的無理謾罵，是不是不該再隱忍下去？……177

④ 不合理的工作目標要求，要如何跟主管開口？……185
⑤ 主管接了一堆工作，我是做還是不做……191

招術五

跳脫

主管討人厭，要如何和他共事？

① 明明沒做錯事，要認嗎？錯了，又該怎麼認？……200
② 如何讓主管對原本印象不佳的團隊成員改觀？……209
③ 我可以拒絕主管嗎？……218
④ 要怎麼和討人厭的主管共事呢？……226
⑤ 愛聽奉承的主管，我該如何說「到位」又不惹人厭……234
● 資深工作者向上管理靠影響力……242
〔尾聲〕離職要怎麼提，才能好聚好散？……249
〔快問快答〕卡姊～如果我的主管○○××，怎麼辦？……257

第一關：面試時搞懂主管，判斷是否天賜良緣

公司可以挑選適合的員工進公司，主管能決定適任的部屬當成員，但我們似乎無法選擇誰來當我們的主管，這句話說對也不對，對在，原主管即使離職，下一位主管除非是你，否則不會是由你來決定；不對在，如果你是新進員工，你可是有著完全的決定權。

無論你是面試新手或老鳥，每一次的面試都要像適婚年齡時的相親一樣，除了在意自己的表現應答外，更要留意對方的言談舉止，才能在結束面談後徹底檢視自己和主管的相似度與適合性有多少？

你有所選擇時，應該要睜大眼睛好好選，選的不是他的專業技能、經歷、領導特質或熱情展現，而是他未能具備的人格特質；他的缺點你能包容嗎？你

是否能無視那些缺點，並欣賞且放大他的每個優點，和他朝夕相處在一個團隊裡工作互動、聽從他的領導嗎？

和主管共事就像在婚姻中要睜隻眼閉隻眼一樣，睜開的眼看優勢就好，你們才能和諧共處攜手共創好佳績。因此從面試開始，在會議室或辦公室的等待、整個面試過程、問問題的方式，他的言行舉止、坐姿，到送你離開時的狀態，都需打開雷達搜集相關資訊。

以下提供你四種面試主管的類型對照，檢視他們的行為言談舉止與在工作中的模樣狀態：

親和型

主管走入會議室除了會和你打招呼外，還會對你噓寒問暖，諸如：「來我們公司還順利嗎？怎麼過來的？」「外面天氣很熱，麻煩你了。」面試中聽你述說回應時，一定會專心的聽你說，且時不時地對著你微笑點頭，不打斷你做任何提問，會讓你很有自信的說下去，也會在結束後簡單呼應你所言。

和這類型的主管面試，除了會問基本面試的問題外，他們還會問及你私領域或家庭相關等，像是情感狀態、婚姻狀態、孩子年齡、假日都做些什麼等等，這類型主管天生就像爸媽一樣有滿滿的關切之心。

規矩型

此型主管進會議室，會帶上他的記事本、水杯，打完招呼入座後就會立刻請你做自我介紹，由於他在面試前已細讀過你的履歷，可以觀察到他在履歷上做了些記號、畫線或是寫上問題，當你在回應的過程中，他會邊聽你說邊動手寫些記錄在履歷或記事本上。

面試時的提問大多是和過去工作背景經驗相關的正式問題，也會從履歷中你所寫的經驗來請你詳加說明或舉例，或能否配合加班、超時等等。規矩型的主管面試當下就會詳盡的介紹讓你了解公司、部門、職缺的狀態，每一個流程他都不會略過，你可以感受到他準備充分的出席，像極了跟團旅遊時的領隊一樣鉅細彌遺毫不馬虎。

分析型

主管從一進到會議室那股氣勢就會令你退卻三分，他們不單是表情嚴肅，每一個動作、問題和互動都展現著簡潔有力，說話口吻冷淡又不帶任何情緒，你在回答問題時，他看著你履歷的時間多過於你的眼神。不過他可是都有在聽，偶爾聽到他認爲不合邏輯或有疑惑之處還會直接打斷提出詢問。

分析型主管的面試問題大多會圍繞在你過去的經驗，從中挖掘更深的問題，像是問你當時的數據成效、爲什麼會那樣行事，以及一些和你思維策略相關的問題，整場面試下來你幾乎看不到他的笑容。如果這類主管加上語速又快，會讓你想要快速結束逃離現場，整體氛圍大概就像是法官在審案一樣。

社交型

這一類型主管走進會議室常常輕無一物，從舉止到坐姿、談吐都是一派輕鬆模樣，有些誇張點的連履歷都還沒看，進到會議室後邊跟你聊才開始了解你。整場面談的過程他說的可能都比你談得多，他很喜歡聊他自己的工作模式、團隊帶領、工作經驗……等經驗給你聽。

社交型主管在面試時，特別重視你到底能給他的團隊帶來什麼，因此面試問題多會以此做展開，再聽你回應後他會請你說明你是怎麼做的，也會有些預設問題，問你在不同狀況下你會怎麼做。有時在聽你述說時他自己也投入當中像朋友般的聊了起來，整場面談氣氛好到會讓你以為是來聊天的，他們天生就像是主持人般的風趣、多話與熱情。

當你確認主管類型後，你再來檢視他在工作上會有的症狀，如下表，這些特點你可以接受嗎？

未來主管身上的病癥每個點假使都是你的死穴，那我得勸勸你即使這間公司給的薪水福利再好再高，你真的想入豪門跟著一個每天惹你厭、或你怕得要死的人一起工作奮鬥嗎？

也要提醒你，人沒有十全十美的，我們要找的不是什麼都完美的主管，而是找一個

類型	病症
親和型	隨便病、低調病、自卑病、敏感病、以和為貴病、不會拒絕病
規矩型	嚴謹病、標準病、保守病、人設病、條理病、紀律病、碎念病
分析型	完美病、獨裁病、臭臉病、小氣病、效率病、邏輯病
社交型	暴衝病、易怒病、面子病、主角病、高調病、沒耐心病、直話直說病、神經大條病

在他的性格中，不會讓你看不順眼、不會讓你有不認同的價值或風格，更不會讓你覺得每天工作都得在忍耐中度過。

當然你若是想磨練自己的包容性，選擇一個滿是「雷」的主管，也不失爲是一個好方法。

招術一

說服

主管不想聽，
如何讓他聽我說？

狀況1

請求主管支援，他總說「別來煩我，我好忙」怎麼辦？

「這件事很急嗎？能不能自己先試著解決！」

「可不可以別老是帶著問題進來。」

「不要什麼事都要我告訴你怎麼做。」

每次你和主管求救時，他總是將這些話掛在嘴邊嗎？

如果是，不知道你會不會很羨慕那種只要一開口就會立刻停下手邊工作，專注傾聽你的問題、需求，並且提供你解決方法的主管。這樣的主管確實有，但眞讓你遇到了你未必會喜歡，因爲他往往都把時間過度放在溝通上，即使團隊和諧但卻難在他的帶領下邁向顚峰，說白了就是難有戰績。

而開口閉口總是要你自己想辦法的主管，他到底在想什麼？身爲主管不就是該在部屬有需要協助時，爲我們解決難題嗎？再怎麼說他的薪水裡也有一筆是主管加級。

舉個例子來說，假使你在節日時，買了一台最新的手機送給另一半，接著他每幾小時就來問你功能如何操作使用？這時你的感受是什麼？

這就是主管每天在面對迎面而來的求救問題時，那種「怎麼又來了」的心情。

有次在科技業上課時，學員小易提出了他與主管間的溝通狀況，他說：「我負責研發設計產品，研發後得經過測試部門做Pilot run（測試），業務單來得急，但測試部門只能照排程來，要插單就得主管去溝通。」

我點點頭聽著他繼續敘述：「可是我們經理總說這點小事，不要每次都得他出面，他光每天幫我處理這些就夠了！但我就是沒辦法了才向他求救的啊！」

小易的狀況是職場工作者你我都有過的類似經驗，面對「別來煩我，我好忙」這種期待你自己獨當一面的主管，以及「小事自行解決，大事再來找我」衝鋒陷陣型的主管，你應該先學會報憂也報喜。

改成「少報憂、多報喜」的習慣

在我們工作中順利自行解決的事多數被認為「應該」，沒什麼好值得拿來說嘴的，因此每每都是遇到需要出手支援時才去找主管。如果這樣的狀態一再出現，主管容易只記住不好的，好的特別記不住，當然會認定你只要遇到問題想都沒想過就直接找他。

建議你未來在茶水間、搭電梯與他相遇或一起出差、拜訪顧客時，主動提起你最近解決的問題，像是：「經理，我昨天終於說服經銷商陳老闆，在我們新品發表會時邀請他的關鍵客戶出席參與了，我還跟他凹說最少要帶五個大戶來參加。」

當然，你也可以利用早會、週會或會議時間，主動和大家分享上述的事情，並說明你用了什麼方法？這麼做並不是要邀功或拍馬屁，更不是要說自己有多厲害，實際上是讓主管知道，你自行解決了多少難題。

回到小易的例子，他若是能在接到業務給的緊急單後，在客製研發新品的過程中，刻意又似無意間斷斷續續讓主管知道自己面臨了哪些困境？又是如何想方設法去解決？這樣一來，當遇到得主管出手相救時，主管就不會落入「怎麼什麼問題都要來找我」的思緒裡。

在消除了主管對你過往的認知後，未來遇到難題時，你可以先判斷主管的類型再來決定這麼做或開口說：

①管大事型 **本身是衝鋒陷陣型的主管**：提出的難題你得先自己嘗試做過，才去開口求救，同時讓他覺得這件事非他出手幫忙不可。

②別煩我型 **期許你能獨當一面的主管**：請帶著你的想法或計畫，以請教的方式向他求助。

因此小易若是面對管大事型的主管他可以這樣說：「測試部門都是依照既定排程或公文做事情，經理要插單這件事非得拜託您幫我出面跟他們提出要求了，我眞的搞不定他們。」

如果是別煩我型的主管，就得先想好自己要怎麼做，再向主管提出想法：「經理新品研發的進度，目前已完成，下一步是送去測試部門，我們若照正常程序得一週後才能排上，若想要兩天內完成得特簽到總經理，或是要經理您親自出面直接跟他們部門主管說，不知道經理覺得我們這個產品接下來進度怎麼安排比較好？」

我自己過去在職場的習慣是遇到難題先自己解決，越難越是想盡辦法自己去克服，反倒是主管有時感覺不到自己存在的價值，三不五時就會跟我說：「有需要幫忙要說喔！」不輕易開口的風格，最大的好處即是只要向主管開口，他總是二話不說的給予協助、支援或指教。

不過我也不是神等級的工作者，什麼都行都會，我只是將工作當成是在打一場籃球賽，把自己當成Kobe，主管是教練，得看全局給予戰略指揮無法插手親自上場；而若我想狂得分得靠其他人的助攻，可能是自己部門或跨部門同事、客戶，甚至廠商都能出手協助想辦法、給意見或直接幫忙解決問題。

在職場上千萬別獨善其身，試著把你的求救對象範圍擴大，平時就得刻意和周遭保有良好互動關係，這交情在需要時勢必能給予一臂之力。別怕麻煩別人，有時這樣的麻煩，反倒能製造出彼此間更多互動的頻率和機會。

從這樣的過程中，你也能從「遇到問題就直接開口向主管尋求協助解答」的依賴型人格，轉化成「遇到事情先分析設想你會怎麼做，或自己先做做看」的獨立型人格，最後進化到「遇到難題時不先往直屬主管求救，而是藉此和同事、顧客、廠商尋求幫助」的互賴型人格。

對了，若是和權限或營業機密相關的事物，你還是第一時間就乖乖的直接找直屬主管求助，避免問題解決了，卻爲自身帶來越級或違反公司規範、觸犯法規之罪，可就得不償失了。一旦發生這類事情，通常主管爲求明哲保身，可是不會出手相救的！

主管類型	主管行為風格	你可以這樣做：**少報憂多報喜**
管大事型 做事習慣衝鋒陷陣	大事找我，小事自行解決	做了再討救兵
別煩我型 期許你能獨當一面	不是帶問題來找我，而是帶答案或選項	想了再請指教

狀況2

如何讓主管接受我的新方法？

二〇一九年和某單位合作中小企業跨世代溝通議題，分別到北中南進行三場演講，現場與會者的年紀明顯一分爲二，年長的大約五十歲以上，年輕的大概三十不到，他們多半不是老闆就是二代。

演講結束後，來到臺前問問題的清一色都是年輕人，他們問到：

「我老闆（爸／媽）希望我可以接管公司，卻堅持要我用他們過去的經營方式，有些方式明明都不合時宜了，還反對我提的方法，又要我務實一點，如果是這樣，有我沒我都沒有差啊！」

在職場工作的你，也常有這樣的狀況嗎？

面對和你成長、生活在不同世代的主管，他們從工作態度、目的、理念，到工作方式、人際互動和休假模式都和你大不同，或許那是他那個世代的生存方式，但在你的世代就眞的不合時宜，他們卻又引以爲傲，認爲自己才是對的。

你該如何讓他們願意聽取、遵照你的建議，以及尊重你個人的做事方法呢？我們先來探究，堅持用他的標準或過去經驗行事的主管究竟在想什麼？主管面對你打破過去作爲提出全新想法時，你能從他的回應話語模式中，看看他們到底在害怕或擔心什麼嗎？我歸納成以下三種：

① **怕風險**：

「過去那樣做很好，我不認爲需要改變。」

「你說的方式有風險，正確度也有待考量，我不認爲適合。」

②怕無效：

「現在剩下時間不多，先照之前的方式完成工作比較重要。」

「你的方法我不認爲會比較好，就算比較好，也不見得是符合時間成本的。」

③怕麻煩：

「方法很好，我也覺得不錯。可是這方法和過去不一樣，要浪費太多時間去跑公司流程（上簽呈），還不一定會過。」

「你不要給我找麻煩啦！我現在沒時間管這件事。」

當你的主管這樣回應時，你會怎麼繼續說服他支持你的作法呢？

你千萬別跟他說「不要擔心，我評估過這沒有風險的」，「我很有信心這方法的成效絕對超越之前的方式」，也別說「換成這樣眞的沒有你想的這麼麻煩啦！」等等的回應，他們絕對會認爲你考慮欠周道，而他經驗老到，吃過的鹽比你走過的路多。

以其人之道還治其人之身

他越在乎的，你就要比他更在乎。首先你應該要先認同主管的認知，他怕什麼你就要先認同他所說，彼此站在同一陣線上，順著他的擔憂讓你的提議或做法能有機會逆轉勝。

要應對這三種不同擔憂型態的主管，方式完全大不同，唯一相同就是請先「認同」他的擔憂，其次你得知道或預測主管會打槍你的原因，做足相關準備後再與他進行互動溝通。

三種類型的準備與應對方式如下所述：

①怕風險型：

主管怕風險你就越應該要將所有風險一一列出，並逐一評估每一風險所帶來的危險和程度。這些風險中哪些是可以降低？又該如何做？而哪些事又是不可避免的，有無其他方式可以彌補。

請你試著這樣說：「這麼做確實有如您所說的風險，我在提出這方法時，我把所有可能的風險與對我們的影響都一一列出，這當中第一點會是最需要多加以嚴防的狀況，不過我有想到可以……（清楚明確說怎麼做）讓風險再降低，其他的風險我也有研擬如何避免或將其掌控。

您的考量確實是在採用新方法時，最需要作爲考量的指標之一，在進行的過程中，我這邊會加以注意，同時也隨時讓您能掌握正確性、進度和狀況。」

②怕無效型：

這類主管最怕投入大量時間、成本和精力後到頭來卻做白工，或是成效、品質大不如從前，而且這類型主管做事很有自己的一套邏輯與方法，要推翻他固有的思維是難上加難。

因此請你當成模擬考試，必須先做考前猜題，備妥他在你提議的方法上會在意的品質、成本、時間、效率等這些問題，除練習精準表達外，也提出精準的數據、事實來輔佐證明你的方法會更好，一旦練習越多次自信就會油然而生。

接著你要這樣說：「過去的方法我從成效上加以評估後，基於過去的模式我提出了這個新的方法，這方法他在（效能、成本、品質、創新……等）具有加強過去方法（三成、降低10％、成長5％……等數據）。」

③怕麻煩型：

此類型主管較爲特別，當你認同他所怕的麻煩後，不是要告訴他如何避免麻煩，因爲在組織中那些流程、難關都是難以避免，公司越大越是如此。反倒要提出使用新方法後，能帶來哪些主管所在意的東西，可能是業績、口碑、關注度、顧客感受……等，這就得看你的主管平時在乎什麼了！

面對這類怕麻煩、卻愛突破或展現的主管你要這樣說：「新方法我們勢必會面對無數在流程上的規範和限制，想到這些我也覺得好累，不過只要我們能立刻用這新方式進行，就會立即在……（主管常掛在嘴上的事務）帶來完全不一樣的成效。」

這三種類型有時主管不會是單一一種，過去在我的課堂裡，就曾遇過老闆很傳統保守，不願意採用兒子提議的網路行銷，而堅守只要維護經銷商通路，因爲一直以來爸爸就是認爲顧好經銷商等於顧好全台灣業績。

老一代的主管就是屬於怕風險＋怕無效型態，因而結合這兩型態的應對，想提出網路行銷新方法，得掌握這幾個關鍵點：認同父親面對網路行銷的擔憂，尤其是成本和成效之間的對比，提出和過去相比他額外能帶來的成績。面對風險面你將如何預防或抗衡，最重要的是千萬別否認經銷商通路的模式，甚至你還得提出「如何把經銷通路一併納入」的方法。

後來想必兒子對症下藥說服了老爸，因爲我常常在FB上看到他們家的網路行銷廣告。其實面臨環境瞬息變化，主管當然也都希望有所改變，只是他們想到若是失敗後要扛的責任，或是要面對的指責，選擇舊有的方式不是最安全無疑嗎？

如果你是初入職場的菜鳥，也或者是初次面對該專案、議題，我強烈建議先遵照過去或主管指示的方法，你才能汲取過去的美好，加上你自己獨特的見解，創造出更好的方法，用對溝通模式讓主管認同買單。

職場老鳥最討厭菜鳥一來就推翻自己，即使再好的方法，礙於面子他也不會認同的；而那些認同的，嘴巴如此說心裡可未必眞的這麼想，在職場先別急著做事，先學會圓融做人，才能好做事。

主管類型	主管考量點	你可以這樣做：**少報憂多報喜**
怕風險	安全、正確	說出風險、如何避免或降低，進行中隨時給予進度報告
怕無效	成本、效益	準備好品質、成本、時間、效率相關精準數據，精準且自信的表達陳述
怕麻煩	細節、流程	別說「不會麻煩」，而是放大說出會帶來的機會點（業績、口碑、關注度、顧客感受等等）

狀況3

無法提出具體成效的案子該如何得到支持？

在職場裡當我們開口向主管要資源時，都得提出成效所帶來的業績，像是訂單增加、工時縮減、來客數上升、客訴率降低、成本減少……等數據的預估，甚至要掰出很多看起來很漂亮的數字，即使如此都還不一定能要到資源或得到支持。而一個無法用數據來表示成效的提案，更是難上加難，但被打槍或質疑的機會倒是不小。

我曾遇過一位老闆，他向來都認爲教育訓練是一個沒用、無效且浪費時間和資源的培訓，不過在大公司要營造幸福企業又非得做不可，有一年我們因爲開始實施KPI（關鍵績效指標）綁定薪酬制度，因而訓練部門和薪酬單位得向主管們說明相關配套措施與流程。

我們想趁此提議一個目標設定管理培訓，成本是過去課程三倍的費用，面對一個不相信培訓的主管，同時我們也無法提出培訓後的數據成效，最後究竟是用什麼方法讓他在簽呈簽上approve，還要我們極速辦理的呢？

和主管互動前，請你務必要剖析他有沒有可能反對，如果反對，原因是什麼？他工作上重視些什麼？以及他的溝通表達是哪種風格方式？

凡事要求你提出數據、績效來證明這些投資、預算會有成效效益的主管，他們都是講道理、合邏輯，以左腦主導思考的經濟邏輯模式進行決策，同時熱愛確定性，對於難預料的結果通常較爲排斥，難以給予支持。

很不幸的組織中絕多數的主管都是如此，越高階越是憑藉著經濟邏輯來做依據決策，這類主管在談公事時不單毫無笑容，還會擺出一副冷淡的晚娘嘴臉。因此你得先分辨他們是重視價格或價值，再開口免得惹來苛刻的斥責或質疑。

價格導向優先：成本是他最大考量，深怕花了錢卻沒能得到實質的回饋，或當了冤大頭，到頭來上一階主管怪罪下來自己也百口莫辯、難以脫身相關責任。

價值導向優先：效益或效能會是他窮追不捨想取得一個正確答案或擔保的項目，他總認爲結果應該要優先衡量提出，才能計算評估出是否值得投入。

當你面對以經濟邏輯做思維決策的主管，因爲你的提案中沒有他想要的數據具體成效，你若硬要拼，一眼就會被識破，倒不如就先別用他的慣用思維模式進入他的左腦世界，而是改以心理邏輯打開他的右腦世界和他對話。

一開場就先說明假使不這麼做或者用其他方案時，會帶來的恐懼和不確定性，讓他們感到害怕。切忌別急著提你的提案有多優異。

當年我在會議上是這麼開場：「即將執行的薪酬新制計算主管大多不滿，我們將開課和主管們說明此制度的辦法和目標如何撰寫，只是我們擔心若由公司內部講師上課勢必變成抱怨大會，外聘講師中若請沒有推行過該經驗的講師，又太過理論派，課程結束也難以讓主管們從內心買單此制度。」

再來才公開亮相你的提案，價格導向和價值導向的主管，你得用不同的方式讓他買單：

價格導向型：給他的選單中的內容不是「要不要同意」這個案子，你得比他更在乎成本的損失，向他提出先進行小型測試版，也或者比較A/B Test（不同版本），執行成效結果如何，再來評估是否要執行？

例如要導入採購系統，可以這樣做提案：「**我們先和廠商要一個Demo版安裝測試，我們找A部門**（業績好、部門主管願意支持）**和ABC三間供應商**（長期合作、訂單量大）**來試用，這一個月我們再從效率、資金運作、節省的**

時間成本……等來看看全面執行的可能性。

價值導向型：此類型主管對於數字、投入產出的效益相當敏銳，在沒有數字輔佐下，給他情境讓他參與其中，因爲情境可決定人類思考、行爲和行動，也或者讓專業、有權威的人來說給他聽。

例如你要主管投入人力、資源讓公司參與CSR（企業社會責任）獎評比，你能安排他去參加頒獎典禮現場，也或者邀請上下游有獲得該獎項的廠商來進行一場分享交流，用情境來製造主管對於此提案的微醺感。

這提案最後若順利通過進行，在過程中你得不斷收集畫面，可能是照片、影音、報導、參與者的感受，有這些畫面才能在你結案時爲你說話，讓主管知道成效何在，因爲並非每個專案在執行的過程中主管都會置身當中。

最終，還是要記住他們是眼見爲憑的思維，你得想辦法生出數據來作爲成果結案，爲自己創造好的成果，這印象更是爲自己累積下一次提案時，老闆對你專業、可靠、成效的信任度。我不得不說主管有時就是看負責專案或提案人的名字，直接決定可否進行或預算的多寡。

我在目標設定管理培訓專案的提案通過後，課程進行前設計了一份評量問卷給學員的主管，請他針對學員平時在目標管理設定上進行評分，等待課程結束後一個月再次發問卷，請主管評比部屬課程後的進化，以及請學員們針對課後的任何具體改變寫下五十字。

成效好不好、錢花得值不值得，都不是自己說了算，你得讓數字、事實來幫你背書；讓其他人來說好才是眞的好，這就勢必得花更多額外的心力和時間，因爲每一次的付出都應該有好結果，來成爲下一次提案時的根基。

每一次提案到底是「想做出好決定」或「不想被質疑」常常在一念之間，職場裡選擇後者往往可以好好的生存，也無需受到挑戰或質疑，更不用耗費心力在乎成果，反正只要乖乖和以前一樣，即使做不好也可以推託你只是照做。

不過選擇前者的你，才是懂得工作的價值與意義的，不是嗎？只是怕你太資深了，你早就不在乎有無意義，而是得過且過啦！你能堅持多久，端看你自己，打倒你的從來都不是主管，而是你的堅定被動搖了。

主管類型	主管在乎點	你可以這樣做：**心理邏輯**
價格導向	成本，實質回饋，怕責任	先嘗試小規模的測試與比較
價值導向	從效率效能評估是否投入、解決問題	讓他參與實際情境

狀況4

怎麼跟主管開口談加薪、升遷？

「鬍鬚張滷肉飯」曾因為連續漲價議題引發社群與媒體大肆報導，導致消費者怨聲四起，但由於我非常偏愛吃他們家的滷肉飯，所以雖然有特別關注這則新聞，卻不影響我的消費意願。甚至有年生日還選擇到鬍鬚張吃飯、當生日大餐；我認為它漲價歸漲價，卻貴得有理且值得。

你呢？在工作中是否有為自己爭取加薪過？而主管和公司又是否認同你的確應該要調漲薪資呢？你就好比「鬍鬚張滷肉飯」，而老闆好比多數顧客，一方認為應該要透過加薪反應自己的優異與付出，另一方則不希望因薪資調漲而增加成本。

待在中小企業的你，不主動談加薪，主管絕對也會跟著裝聾作啞，即使任職於大公司，也只是依循組織所制訂的加薪升遷標準。況且還會有些人爲因素或大鍋飯原理，調薪後的無感反而讓人更加無奈。

如果你自認有能力、有實力更有潛力，卻覺得現在的薪水不足以等同你的戰績，你就應該鼓起勇氣向主管開口談加薪。如果你認爲你的工作內容、成就已經超越現在的職務或職等，那你更是得主動讓主管知道你的「心委屈了」。

從開口前所需做的準備、和與主管一對一的談判協商，到最後未能爭取成功，是否有方法能讓自己再度背水一戰試試呢？你可以依循「MONEY」法則來爲自己發聲。

Market：市場行情價

和主管談加薪時別這樣說：「我已經兩年沒加薪了。」因爲他可以回你：「我也三年沒加薪，都沒要求我主管了。」也別用「剛結婚、被漲房租、物價上漲」等理由，他可能會說「公司所有的成本也都被調漲，請一起共體時艱」。

你應該依照相同產業，相似的工作職務內容在市場行情的薪資水平來提出，舉個例子：

「經理，從事電話客服五年以上的工作者，在市場上的平均薪資行情落在32,500元，我現在的薪水是29,800元，能否請您幫我向公司爭取調升10％幅度。」→讓主管知道你不是隨意喊價，是有備而來的。

當中有三點你要刻意準備與練習：

1. **定錨效應**：開門見山談加薪要求，一定要由你先開口喊價，讓你期待的薪資直接置入在主管腦中。建議可再多加上幾趴，讓主管有議價的空間以及被砍價成交後有少損失的感受，假使他一口就說好，那就是你賺到了。

2. **以趴數來談調薪幅度**：用現有薪資的相對值做評估，而非以絕對值（例：5,000元）來要求，因爲後面你得告訴他，你將用什麼樣的成果展現來換取這些趴數。

3. **去一兩家公司面試看看**：更加確認自己在市場上的水準與價值，如果有拿到不錯的聘書，也可以直接說出其他公司給你的待遇，當然如果沒有，千萬別輕易冒險，免得沒加到薪還丟了工作。

Outcome：成果突出點

整理你的工作績效表現，請務必搭配數據來作佐證，從中找出二至三個突出優異的成果，舉個例子來說：

假設有個你完成的專案，既非原定的工作項目內容，也並非在績效考核中提出的年度工作目標，你可以在和主管談判時提出這專案額外花了你哪些時間、人脈、資源……等。記得成果中最足以誇口之處一定要高調說出。

也或者找到你工作上得過公司高層，或是關鍵顧客給予直接或間接的口頭表揚、讚美的具體成果，這成果同時也是影響到部門或公司的業務績效。

Need：需求價值面

加薪、升遷有時並非主管一人說了算，請去思考哪些人有決定權，而這些對象他們在乎的點是什麼？公司著重的重點是什麼？部門ＫＰＩ中關鍵項目有哪些？主管的關注點、利益點分別是什麼？

當你開口和主管在談加薪原因時，時不時就得將成果突出點與他們的在乎點相扣。千萬別認爲主管都應該知道，他們的反應有時並非我們想的那麼迅速。

Extra：額外延伸線

獲得加薪或升職後你計畫突破哪些現有的表現？你打算怎麼做到？例如：維持現有顧客回流率，增加他們的客單價，藉由集點活動來刺激、提升顧客的滲透率。

多和主管談及未來的規劃，除了突破方法外還有哪些是你將進行延伸的業務，例如：商圈開發從現有實體店家拓展到線上通路合作。也可以是自我技術提升應用回工作，例如：利用假日進修考取單晶片專業級乙級能力認證，和其他同業交流，期許自己能在設計上解決改善散熱和記憶體消耗這兩大要素等等。

你要主管幫你調升薪資趴數，就要讓他從你的未來計畫中看到等值甚至超值的貢獻，絕不要亂畫大餅，這會是未來他用來檢視你是「眞有能力」還是「出張嘴而已」的依據。

Yearn：嚮往替代物

如果你因爲種種因素無法如願加薪，還有哪些是你期待且可以替代的呢？或許是津貼獎金、職等晉升、教育訓練，也或許是你一直嚮往參與的專案、工作中的某項資源、團隊中的某種角色、公司的派外機會……等等。記得提出你的直屬主管自己就可做決策、無需獲得更上級主管裁示的選項。

在與人談判中，我們有時會用「權宜合約」來協商，這模式應用適合的時機點是：**當雙方對於加薪升遷的時間期待不同，你所提出的承諾或計畫有風險在，雙方偏好價值暫時無法取得共識時，你就能和主管談條件**。例如提出在某一時限內，看自己能做到什麼樣的成果，就能獲得什麼樣相對的報償，或者根據不同的達標狀態，給予不同的加薪趴數。

想開口向主管提出加薪升官，請參照MONEY法則，做足準備再開口，希望剛加完薪的你，能更奮力實踐你的Extra，締造下一次加薪升官機會的Outcome。

最後，心也好、官也罷，都會有到達天花板的一天，就像滷肉飯再怎麼漲也不會到達一客牛排的價格吧！建議你在現有職場中多爭取你不熟悉的專案任務，輪調機會也別輕易拒絕，這些經驗都將會是你未來轉職、升官、換公司的彈藥，也是打破薪資天花板的唯一通道。

加薪原則	你可以這樣做：「MONEY」法則
Market：**市場行情價**	定錨效應，以趴數來談調薪幅度，實際評估自己的市場價值
Outcome：**成果突出點**	整理工作績效與實際成果
Need：**需求價值面**	思考除了實屬主管外，還有哪些人有決定權
Extra：**額外延伸線**	提出可行的未來規劃
Yearn：**嚮往替代物**	思考實際薪資外的替代方案

狀況5

主管要求你違反規則行事，做或不做？

在職場多年我未曾被主管要求做過違反公司規則或違法的業務行爲，但違背自己工作態度或價值的事倒是挺常見。像是：與A廠商合作時問題一籮筐，但明明B廠商可以提供更好更有效的服務，但因爲得重跑詢價、比價、議價的採購流程，主管怕麻煩，希望能維持原廠商服務就好。

諸如此類的事，年輕氣盛時總想據理力爭，工作越久後默默的偏向選擇順從，因爲和主管對抗爭贏一時，卻可能賠慘了那年的考績，除非要我做的事已嚴重打破我三觀。

不過有時聽朋友們描述他們被主管要求的事情，深覺自己所遭遇的事還眞微不足道。Eric在一家生技業擔任採購，有天主管找他到辦公室內不停誇讚他的工作表現。

結束前主管突然說了：「Eric這次考績我會給你一等。」

Eric還在開心之餘，主管接著說：「實際上你的表現排序是在二等，但我想把一等給你，等到你領到紅利和年終時，多的那部分你再把一半的現金直接拿給我的祕書，當作是部門活動的費用。」

我好奇的問Eric他當下是怎麼回應主管。

Eric淡淡的說了句：「哎～人在屋簷下不得不低頭。爲了混口飯吃，我別無選擇啊！」

職場中主管不合理的要求，可以分成三個層次：「個人」、「公司」、「社會」。

「個人」在最底層也是最常見的，這些要求要不是不符合你的工作價值觀，再不就是你一直看不順眼的事，「公司」這層次明顯違反公司規章、流程，或遊走在邊緣或是鑽法律漏洞，最頂層「社會」則是觸犯了法律條文。

身爲部屬的我們在三個層次裡的選擇困境則分別是：

「個人」：順著主管顯得自己毫無主見，況且有了第一次就會有下一次，最後都會質疑自己是不是根本沒原則；不順從容易被說自己沒彈性難配合，不懂得變通，之後工作極有可能被處處找麻煩。

「公司」：選擇聽命鋌而走險，出事了得自己扛，小則記過處分扣薪降級，大則請你走人，事件也有機會流傳到未來公司耳邊；選擇嚴謹遵守規範，當其他同事們都這麼做，唯獨你另類作風，勢必得犧牲社交成本，易被排擠在圈外。

「社會」：做了被發現的下場往往不是走人這麼簡單，還得吃上官司，公司主管都會要你悶悶地自己吃下，就算有所補償也好像沒好到值得自毀前程；不做下場也不會太理想，因爲主管會感覺有把柄在你手上，一定會想辦法讓你自己走或刻意冷凍你。

Eric在社交成本與懲處的困境中，選擇鋌而走險的配合主管這麼做，白天在公司得到主管的重視，與同事們關係也都良好，還有幾位共犯可以一起吐吐主管這種行爲的苦水，只是多少個夜晚懊悔自己的行徑，更怕東窗事發後的窘境與難堪。

其實，面對主管不合情理規範請求時，即使在下位的我們也是可以婉拒，只是要怎麼表示才不會被孤立，你得先判別你的主管爲什麼要你這麼做，才能用洽當的方式達陣。大體上會提出要求的主管有這三種類型「唯命是從」、「唯利是從」、「精明幹練」。

你可以從他們提出要求時的話語、方式和態度，來做區分判斷，再研擬該怎麼適時適當的提出你的拒絕。

唯命是從型：主管會提出並非他的主意，而是上頭的指示，他要對你開口說這件事，其實內心經過無數掙扎和猶豫，然而這類型的人不敢違抗旨意，加上一直臣服順從於主管，只好對你說：「我知道這樣做不好，不過上級交辦我們這麼做，就請你配合幫忙了。」

聽到當下你能請主管給你時間思考，隔天主動約他在會議室私談這件事，開門見山將你的不安與恐懼說出，最後說：「你不是要我違規吧！」倘若主管繼續進攻你就選擇無聲、不回應或拖延戰術，把難題丟回給主管讓他自己去面對他的主管。

唯利是圖型：這類主管向來利益當道，尤其偏向短視近利，看近不看遠、瞻前不顧後，他完全知道不合法，也知道事情爆掉後的嚴重性，然而這些都比不上他所在乎的利益好處，所以他會跟你說：「有事我來擔，照我說的做就對了。」

你千萬別笨到認爲出事他會全擔，他最多是陪你擔，拒絕他的方式得從利益出發，提出有無可以替代卻合乎規範的方式，也或者請教他：「老大，這件事還有沒有別的方法也能做到，這眞的太爲難我了啦！」也或者推薦一個敢冒險的同事來取代你。

精明幹練型：解決問題是這類型主管在工作上的最高價值，他相當有腦袋也很聰明，最後一招才會是試著遊走法則邊緣試試看能否順利解決難題，也才會向你提出：「使出這招實在萬不得已，交給你了。」

這時我們得跳出來當他的明燈，從專業、成本、風險面向一一先作分析，最後打出王牌告訴他，若此事被揭發對他的影響會是什麼？這類的主管不是怕死，而是他可以爲工作賣命，但他不會爲工作出賣自己的人品和他人的信任感。

Eric是我很好的朋友，聽他說是別無選擇才會這麼做，我毫不留情地跟他說：「你不是毫無選擇，你要不就是害怕說出口後被主管無情的對待，也或是在好處利益誘惑下的貪婪之心作祟，當然也有可能是野心強盛到讓你攀附著主管，從此同一陣線淪陷。」

說完，我看他臉色一沉，怕以後連朋友都當不成，立刻轉移話題。

最後我想提醒各位，無論你的選擇是什麼，請千萬要防範未然，可以寫封mail假裝要確認，實則作爲證據保留，或將雙方談話錄音下來，出事時才能自保。

只是你是成年人了，就算自保證明你是被迫的，有些責任還是跑不掉，我建議，不想冒險就別輕易點頭。

主管類型	你可以這樣做：**適時的拒絕**
唯命是從型	把難題丟回給主管讓他自己去面對
唯利是圖型	提出可以替代卻合乎規範的方式
精明幹練型	從專業、成本、風險面向分析

主管老是愛改來又改去，要如何才不會做白工？

「協商與領導」是我在台大進修時印象極爲深刻的一堂課，猶記得一次課堂上教授給了我們一個談判個案，一方代表買方，另一方爲賣方，當天我的角色是賣方，買方是個難纏的代表，除了性格強勢外，價格上更是難以協商，我們來來回回花了二十五分鐘，終於談妥了一個他很喜歡、我也勉強可接受的價格。

就在準備寫下談判協定規格時，我收到來自公司CEO的一則訊息，告知另一家公司將以二・二五億美元採購，這比我拉扯二十五分鐘談妥的一・八足足多了很多，只是剛剛在買方的一再退讓下，才從他們的目標價一．五億提升至一．八億。

從成果價格導向做決定，在這樣的情境下也只能一直跟買方賠不是，接受遵從主管給的指令，自己更陷入一種白做工的厭世感。當然這是課堂上教授刻意設計的橋段，不過這樣的戲碼在職場幾乎常常上演著，而且主管更改的次數往往只是更加頻繁。

遇到朝令夕改的主管，是所有工作者都頭痛的事。有時不單是做白工而已，而是得花更多時間去處理善後，也或是得拚命向顧客、廠商或合作夥伴賠不是。主管只要輕鬆一句話，累死的卻是自己。

職場上該如何降低主管朝令夕改的行事風格呢？你得先分辨他有這樣的習慣是因爲處事總是猶豫不決、還是思維老是變化不斷所導致，你才能用對方法不讓他的行爲拖累了你的做事效率。

猶豫不決型

讓他變來變去主要的動搖要素來自「別人意見」，這類型的人在餐廳最常見，排隊時想著等等要點A餐，你說你要B餐時，他也會有些心動想換成B，接著看到有人拿著C餐從他面前走過，他會覺得C餐也很好，最後到點餐櫃檯時，他可能是參考前一位領餐者的餐點決定D。

我們將點餐這件事替代成主管給予的指令或建議。他們通常沒有定見拿不定主意，性格上優柔寡斷，相當容易被影響，不過不專業、不理想的意見他是不會概括接受的，因此他的改來又改去，是爲了要尋求最佳解。

身爲猶豫不決型主管的部屬，我們該怎麼做呢？方法就是讓自己成爲他最大的影響者。你的思維只要快他一步，分析狀態理出頭緒，讓他在點餐時遇到的BCD都換成你的專業意見與想法，你就能變身爲他在商討策略方法時的關鍵對象。

舉個例子：主管請你做鞋款新研發設計，他會交代你一些想法，像是鞋材規格和鞋樣設計，猶豫型的主管在交代後，他的腦袋還是繼續在想著：「這樣會是最好的嗎？」這時，你先別急著動手去畫設計圖，而是用他的想法做基底，想想如何更符合市場或消費者需求，和他商討後取得認同才動手做。

再邊動手做時，請先想好下一步可能是楦頭開發、鞋面車縫，刻意向他提及你下一步的想法或擔憂，讓他將時間或擔憂聚焦在此，而非關切著上一步的鞋材規格和鞋樣設計是否完善。

說白了，你得化身成爲主管的引導者，讓他在交付定案你的下一步作業前，就已先取得他人的前饋意見，而別讓他一直去搜集上一步的回饋意見，如此能避免他又反過來要你再做更改變動。不過要謹記著他是你的主管並非部屬，態度要有禮、口氣要溫和，別喧賓奪主了。

變化不斷型

和該類型主管做事時常會被他氣死，他更改速率比翻書還要快，常常早上交代一件事請你做成A，一下子就又來說要改成B，茶水間巧遇到隨口聊了一下又變成B加C，很有機會隔天一早來，又跟你說還是改回A好了。

不可否認這類型主管相當聰明，不但能舉一反三，面對各種風暴總能迅速觸類旁通想出各種應對方式，他們一直都是解答疑難雜症的專家，以致於不斷冒出各種想法，只要他覺得更好，就會要你變來又變去。

和這類型主管工作唯一不變的就是變，因此拿到一個全新專案時，千萬不要急著有所爲，等他來回修改兩三次、或者一天後，他都沒有任何動靜再出手吧！以免自己做白工，還被氣個半死。

倘若已經投入大量時間或資源進行了，主管依舊要你大翻修，你可誠實的加以評估，若換成後面的方式後眞會帶來巨幅成效，建議你臣服於主管，改就是了！反之，改變後成效差不多，你則可以試著從時間、人力、機會成本上，來分析換新方案所造成的損失與成效間不符比例，當然最後決定要改變或維持得留給主管決定和建議。

我們一樣用鞋款新研發設計舉例：主管交辦後你也把設計圖畫得差不多了，這時他卻來跟你說想改成完全迥異的風格時，你可以這樣做分析和反應：

「經理，我們過去花三週來回修正產出設計圖，現在若要改變風格，預計最快兩週時間可以完工。」→要展現出沒有要否決他的意思。

「不過我們就得將後續楦頭開發、鞋面車縫作業時程都往後延，業務端就未能如期把圖稿交給顧客做確認，而且顧客回覆時間都很慢，再來回修正後，生產線到時候不知道能不能排程生產。」→分析更改後牽一髮動全身的狀態與可能結果，盡可能表達是來自其他部門單位不可控的要素。

「以上是過去我們和這家顧客合作的經驗，讓經理知道，再請經理裁示下一步要怎麼做比較好？」→最後讓主管自行決定。

變化不斷型的主管不能有被操控的感受，務必給予他掌控和主導權，否則他很有可能爲了展現主管權而一意孤行，甚至故意惡整你。

最後，主管有時翻盤是因爲環境、上層主管，有時是從不同於我們的觀事角度或視野做考量，若他堅持要你改，就改吧！與其在那抱怨、生悶氣，倒不如換個心境全盤接受，把這過程視爲學習，藉機請教他翻盤原因，態度變了心情好，做起事來相對舒坦。

主管類型	你可以這樣做：**適時的拒絕**
猶豫不決型	思維快他一步，分析狀態理出頭緒
變化不斷型	等主管改完，沒有任何動靜再出手

招術二

超前

主管疑神疑鬼，如何博取他的信任？

狀況1

緊迫盯人的主管為什麼不放權？

從過去在職場一直到現在自行創業，我最怕遇到不停追進度、凡事都要向他報告的主管或合作對象，這樣的工作互動模式，會令我有種窒息感，甚至是一種不被信任、懷疑的感受。

只是並非人人都像我一樣；有人對於主管只看結果、進度中毫無過問或關切，反倒會擔心自己最後的狀態是否能如主管所預期。

你呢？你和主管間的工作模式契合度如何，首先先看看你的主管是哪種類型？

大小皆抓：凡事一一確認、追蹤，並且要求所有事都得讓他知道。

抓大放小：細節小事、規則制度不做過度討論或追蹤，只掌握重點和關鍵。

而你自己在工作進度上的報告，又是偏向哪種方式呢？

凡事都報：專案、工作進度，每當有新進度或改變狀態，就會讓主管知悉。

只報關鍵：重大決策或難以自行解決面對的困境才會向上請示。

你與主管的模式交叉組合下，看下表檢視主管心目中認爲和你的契合度如何？

主管類型 / 你的類型	大小皆抓	抓大放小
凡事都報	1. 契合度高	2. 雖煩人但很放心
只報關鍵	3. 追得很累很煩	4. 契合度高

1和4是契合度相對高的，兩個人在細節或關鍵掌握度上的要求和期待一致，較少為這種事感到困擾。

如果是2的狀態，大多是主管覺得你很煩，很想對你大吼「他不是老媽子，什麼都要知道都要聽你說」，不過你會在報告後感到很放心，這狀態的你只要抓得到主管的時間，其實也不會有太多怨言。

而第3種狀態是雙方都很累的組合，主管整天等著你來跟他更新進度或向他報告請示，而你則受不了他一直追問或緊迫盯人，覺得工作綁手綁腳很不自在。

這種大小皆抓的主管，常常說自己很忙，卻又什麼事都要管，究竟他為什麼非得把自己搞成這樣呢？大多逃不離這兩個原因：

不放手：這類型主管凡事都要掌握是來自習慣，他一直以來都是這樣的模式，並非針對你，大小皆抓讓他隨時能掌握團隊中每一項工作、專案、預算、品質……等狀態，他知道得越清楚做起事來就越有勁，是一種安全感的來源。

每當他交辦一件任務給你時，同時他就會先在完成期前提出幾個檢核時間點，要求你得向他回報，其實他不只是這樣對部屬們，他也是用著這模式和他的主管在共事互動的。

不放心：這類型主管常常是因爲過去信任你而放手放權，最終你卻沒能如期完成或有結果很糟糕的經驗，尤其可能不只一兩次，讓他只好高頻率的關心進度，或要求凡事得請示他。

他是個溫和親切型的主管，因此他會出現在你辦公桌旁以關心的方式詢問，他並非對所有人都採取這樣的管理模式，唯有讓他不放心的人，他才逼自己這麼做，因爲他也是有主管要交代的，其實他比誰都痛苦。

無論是哪種方式都沒有所謂的對與錯，就只是個人的工作習慣，不過，我們是下位者，當然得由我們來順應主管的期待與模式，或許你可以主動和主管溝通，請他爲你客製專屬的工作進度報告模式。

但我想機會相當渺茫，除非他只能靠你吃飯。相信我，說自己願意敞開心胸的主管，只是耳朵打開了，心其實還沒準備好，說了只會壞了你們之間的關係。

倒不如找到與他們共事的方式，解開主管內在的心魔，讓他取得安全和信任感，距離「放權」就會再進一步了。

不放手主管：跟緊腳步在他的追蹤時程和回報雷達系統上，這麼做對他而言是基本配備。如果可以，你應該超前部署，在他與你約定的追蹤點、在還沒看到簽呈或提案找你討論前，你就快他一步主動提出一場小會議，過程中刻意釋放出狀態和進度。他嘴巴不說，心裡可是又安心又樂得很。

不放心主管：源頭其實是來自過去的你，或許他會翻舊帳說出他的擔憂，你就有雅量的別落入與他爭執過去的對與錯，把力氣和心思放在工作報告上，你可以透過閒聊時，像是在茶水間、中午用餐，以輕鬆的方式給予他相關資訊，讓他自己慢慢拾回對你的信任。

我自己是個相當有拖延症的工作者，也很享受在拖延症中完成工作的成就，當他人幫我訂進度或要求過程中事事報告，會讓我有被限制的不舒服感，做起工作來就顯得沒勁。

有次接手一個重型機車粉絲頁與性格測驗的貼文合作，在洽談內容差不多、也問了交件時間後，我先開口提出在交件前兩天，請他們打電話給我，希望可以對一下方向，一方面也能提醒我自己別忘了這件事。

由於這個檢核點是自己提出，而不是被要求的，因此我會反用他們的特質來幫助我消滅這種被限制的無奈感，同時又能如他們期待，讓他們很放心的一起共事。

有時我們也不是不愛報告主管，只是討厭那種被束縛、被掌控的窒息感。這有點像面對不放手的爸媽、不放心的另一半，你越是要逃脫、就會被抓得越緊，順著他們、反倒他們就會慢慢鬆手。

不過在職場裡相對下位的我們，有句話還是得告訴你：「契合度來自你順應主管的習慣，而不是主管配合你的節奏。」

主管類型	大小事皆抓的主管原因	你可以這樣做： **取得安全和信任感**
不放手	工作習慣。 掌握進度、品質、預算，一開始就會和你敲進度追蹤點。	消除自己被約束的感受。 早於和主管約定的追蹤點，釋放進度、狀況。
不放心	未取得信任。 隨時知道狀況、進度（交代），同時也是關懷了解。	依照他的期待，取得信任和信賴。 利用閒聊丟出相關進度、狀態資訊。

狀況2

報告總是一再被主管修改，連標點符號也有意見時怎麼辦？

一份報告在主管看過後給予回饋指導，應屬再平常不過的事，倘若提出的新企畫或方案，主管看都不看就直接核可，我們反倒會覺得怕怕的；但如果你的主管老是一改再改，通常約三次以上我們就會開始不耐煩，更別說有人是改五版、七版甚至十版以上的呢！

我遇過最誇張的主管是一路改不停的到第十七版！

在之前的工作單位裡，同層樓經管課同事小平的直屬主管是王經理，那年，公司的策略會議在礁溪舉辦，執行長在聽了各事業部門報告後，忽然點名經管課王經理，要求他們部門應該提供公用模板，讓大家做策略規劃和報告時有所依循，而非各唱各的調。

從礁溪回來後就是小平的地獄月，沒參與會議的她，只能根據老闆描述說要有個模板，於是她整合了各家版本精華，再送去給王經理。

第一次王經理還算客氣的說：「策略報告不應該只有談過去成果，更應該要事業部提出過去成果如何改善，像是：如何改善成本結構。」

小平依據經理所說增加了該內容簡報模板，再送去給主管批閱時，這次她的主管火氣整個上來直接開罵：「妳到底知不知道爲什麼要做這個模板？妳不要就只做我跟妳說的？那我自己來做不是更快。」

那陣子中餐時間，我們這群飯友如追劇般聽她哀歎聲不斷的敘述她們家王經理，不但每天修改新版本，連行距、標點符號都要求調整……。以上這個例子，究竟是王經理太機車？還是小平太不懂他的主管呢？我想兩者都有吧！

在職場上像王經理這樣的主管，我們會美其名說他是追求卓越、要求完美型的主管，這類型主管的世界裡沒有最好，只有更好。他不單是這樣對待自己，更是如此對待他的部屬，原因無他，誰叫你們都掛在他底下，凡事和他有關係的他都以最高標準來檢視。

和這樣的主管共事確實不容易，他給予的資訊雖然簡潔清晰，聚焦在目標和結果要求，然而在細節他卻懶得一一說明交代，更不會適時主動關心你是否了解、方向有無正確，有沒有需要給予支援或出手相救。

卓越完美型的主管底下每一個人都要能獨當一面，具有解決問題且追求卓越的特質，因此我們來了解這類型的主管，該怎麼與他應對進退，才能讓你的報告能夠遠離老是被一改再改的宿命呢？

三階段應用3──，這樣做那樣說

Idea：提出想法

當主管交辦的是非例常或行政事項之新任務或專案時，請你千萬別一股腦兒的埋頭苦幹，而是先求有就好。先思考你會規劃怎麼做，把這些想法自己梳理條列出來，再刻意製造與主管巧遇的機會，藉由簡短時間的互動，有條理的提出想法。

請將其視爲向老師求教，嘴上得刻意練習這麼說：「主任，你上午交辦的專案我想了一下，我認爲可以1. 2. 3.……，不知道您認爲這樣如何呢？」接著請你多聽少說，即使主管誤解你的意思也別急著澄清。

他的CPU運轉速度相當快，立刻能將你所說的與他所交辦的事項確認其連結深度，也能立刻指出方向是否正確，他還會同時給予額外的建議。當他對你的想法提出疑問或質疑時，你可以問他在意、考量或擔憂的點爲何，這些資訊的收集將會對你開始寫報告時有實質上的助益。

Integrate：整合觀點

在你跟主管有了簡單的共識後，請把你和他的觀點加以整合，不過這時如果你直接去和他討論絕對是討罵，他會認爲你只是把他說的寫出來，自己沒有再思考，不知道要舉一反三。因而請你怎樣都要再提出一條，你們討論後自己觸類旁通想到的觀點。

向他報告時務必加上這段話：「**這份報告第一至第四點是上次您給我的指正和建議，此外我還想到第五的這個觀點。**」這些話的目的是告訴他，「主管您說的指示我都有聽進去，而且我還不斷動腦主動追求卓越」。

檢視完報告後，他還是會從中提出更好的想法，甚至是推翻前面一起研擬討論的方案，你心裡頭別想著：「爲什麼不早點告訴我，故意的嗎？」其實他是看了你的報告後，才提出更新的想法，並非是他早就知道卻不告訴你。

常常許多人在這階段會生主管的悶氣，千萬別誤解了主管，更別認爲自己好像很笨，都無法超越主管的思維。再次強調這種卓越完美型的主管，他早就將追求卓越刻意練習到心流狀態了。

Inspect：超前檢查

經過和主管一次閒聊和一次正式的回饋提點後，方向已百分百正確、觀點方案也八九不離十了，記得打鐵要趁熱，快速的讓他進入執行決策的階段，以免他在閒暇之餘腦中忽然冒出更完美的方案要你替換掉。

這次除了將他的建議加入外，你得超前部署用他過去的標準自行先檢查，可能是標題、格式、段落、封面、CI識別位置……等微不足道的小事。送報告去時記得說：「這次我的封面、格式用的是上次我們在做CSR專案時的排版設計。」這段話是在向主管示意，你教的我都謹記在心。

3I就是Idea, Integrate, Inspect讓你報告不再被改的哀哀哀。主管要你修改調整，究竟是找麻煩或給指教?你的念頭不同，成長就會大不同。

假使你已經跟了這種完美卓越型的主管一兩年了，報告被修正的頻率次數毫無降低，那麼你得自我省思一下，你眞的有帶腦跟在他身旁嗎?每一次他針對報告給你的批評、指正、建議、回饋，都應該能成爲下次報告時的養分，這樣才被他磨得有價値啊!

應對主管用3I	你可以這樣做：**接受指正並改進**
Idea： **提出想法**	想法先求有就好，思考如何規劃，梳理條列出來
Integrate： **整合觀點**	舉一反三，雙方觀點整合提出一條新觀點或做法
Inspect： **超前檢查**	打鐵趁熱，快速讓主管進入執行決策

狀況3

我沒有脾氣不好，主管卻老要我控制脾氣怎麼辦？

在寫關於情緒管理這個主題時，刻意翻出我珍藏在抽屜裡兩張九十五年度年中和年終考績核定通知單，很多人都認爲教溝通的老師情緒管理能力一定好，殊不知年輕氣盛時情緒可是我的大罩門。

第一張考績表上寫著：九十五年，考績等地二等（等地有一至五，一爲最高、五是最低），我的直屬主管在本期工作表現欄上寫下：「情緒管理能力可再提升。」當時部門最高的主管李艷處長最後核定時，也在表上的自我啓發欄中寫下「期盼EQ管理不斷進步」。

半年後，我的年終考績仍舊維持在二等，這次李艷處長在自我啓發欄上留下：「自我情緒掌控有很大的進步，仍有再進步的空間，潛能無限！」

我挺在意上半年關於情緒管控的回饋建議，自認不過就是有話直說，將感觸透過語言、表情動作表達傳遞，讓他人知道我眞實地感受，這樣不是比那些假來假去、背後卻幹聲連連的同事來得眞確嗎？

不過考績得到一等一直是我的目標，所以我開始從書籍和網路上一邊找尋方法技巧，一邊修煉自己在主管們眼中容不下的低ＥＱ，刻意練習了一次再一次，於是慢慢體悟到哪些事情是我的地雷，能怎麼避免主管來踩它，當主管快觸及時我可以如何制止，一旦主管踩下去我又能怎麼反應……。

如果你也和我過去一樣，在與主管的溝通互動中，時常爲了我們認爲的正義、合理性、做事的原則、意義等，直接將當下的情緒感受展露無遺，而一旁的主管卻要你「冷靜」，「別這麼激動控制一下脾氣」，「反應別這麼大」，那麼我們都該跟NBA的優異球星們多學習。因爲在球場上，球員們若情緒表現太過甚至大聲對裁判咆哮，最輕就是被判技術犯規，若屢勸不聽達兩次就直接被判出場。無論多厲害的球星都一樣。

主管就好比賽場中的裁判，善用情緒管控NBA技巧，將能破除主管對我們過去情緒掌控不佳的印象。情緒管控NBA依序應用技巧如下：

N（Need）釐清需求

當你發現情緒一來時先問自己，當下想處理的究竟是情緒還是事情。我可沒說你一定得優先處理問題，如果情緒會干擾你的理智判斷或表達，那麼先處理情緒反而是最佳解，只是別將兩者混在一起處理。

例如：過去都是以週爲單位交工作報告，現在主管要求你每日下班前得交日報表給他。

處理情緒：心平氣和地說出你在這件事情上的眞實感受，例如：不被信任、浪費時間……等。

處理事情：清楚知道自己的目標是什麼，針對你期待的目標向主管提出討論，例如：能否維持週報方式？提出取代日報告的方式。

處理情緒和處理事情的著力聚焦點完全不同，更是會直接影響主管的回應。你先處理情緒，主管就會盡所能安撫你的情緒爆發點；你若能心平氣和處理事情，主管自然就會被你引導去解決問題。若將兩者混在一起，無限循環是最常見的狀況。

可能主管會一直說：「你先冷靜。」你則一直回說：「我沒有在生氣，我只是在反應事情。」時間都花在處理情緒上，事情本身不但沒解決，甚至會衍生出更多關於情緒上的案外案。

倘若經常如此也就容易讓主管有你的脾氣大、情緒掌控能力不好的印象，因此兩者一定要獨立分開來談。甚至情緒大到讓你怒火中燒時，先向主管提出暫停，暫時將自己隔離現場也是不錯的方法。

B（Behavior）行為應對

無論是要反應情緒或探討事情，必須隨時觀察和督促自己的行爲展現，你可先行判斷自己在面對情緒和反應上，屬於戲劇型或是冷漠型，類型確認後，再練習對應在主管面前該有的樣貌（如下表）。

風格＼展現方式	情緒展現樣貌	向上行為應對樣貌
戲劇型	1. 個性強烈，大好大壞 2. 將情緒透過言語和表情無限放大	1. 語速放慢，表情、動作收斂 2. 聲音小聲、沈穩不急
冷漠型	1. 用字精準專業有自信的氣勢 2. 口氣咄咄逼人感	1. 語速刻意放慢 2. 表情放輕鬆

A（Awareness）自我覺察

每一次情緒結束後，你必須檢視覺察整個歷程中自己和主管的反應，誠實地問自己兩個問題。

第一個問題：這次被踩到的雷點是什麼？什麼事情或是哪個字眼觸發情緒的？越清楚自己情緒界線點，當主管徘徊在雷區附近時就越能有所意識，進而開始防備。即使最後主管闖入雷區，你也不至於以暴怒反擊，反而能將專注力放在「釐清需求」——問自己現在要處理情緒還是處理問題。

第二個問題：當我展現情緒時，主管在聲音、表情、動作、態度反應上的前後差異是什麼？從別人的反應最能知道自己當下的展現和帶給對方眞實的感受爲何，尤其是性格和我們迥異的人。

例如：他們有可能急著想轉移或結束話題，也有可能表情變得僵硬不自然，有些人說話可能隨之變得激動或冷漠……等。

未來在與主管溝通過程中，當他出現這個轉變訊號時，你就能提醒自己情緒的展現已超乎主管能接受的範圍了，該適時做些調整，也或者自行喊出暫停。

情緒管控ＮＢＡ技巧，透過不斷的練習，你除了會更認識自己外，也會更懂得察言觀色。當然這些修煉都是透過一次次情緒反應所成就的，同時伴隨職場歷練的累積，那些會爆炸的點，到後來你會發現其實也沒什麼！

當年的我期許自己要像籃球史上最偉大的球星喬登一樣，不僅要有高超精準的球技，同時也能擁有最佳情緒領導力，留給大家的印象除了工作表現佳外，不會再多補充一句：「可是，她脾氣很糟。」

三個技巧	你可以這樣做：**情緒控管NBA**
N（Need） 釐清需求	先問自己想先處理情緒還是事情
B（Behavior） 行為應對	判斷自己的行為展現類型再應對
A（Awareness） 自我覺察	提醒自己的情緒反應是否超過主管的接受範圍

狀況4

怎麼才能說出真實的想法給主管聽？

你有沒有這樣的同事，在會議室裡他什麼都說好，多數事情都表示沒意見，甚至還會美言他人的提案或想法，不過出了會議室後，卻私下找人抱怨，表示相當不認同會議上某人的說法，或是最後的決議。

我將這樣的狀態稱之爲製造「假和諧」互動，要是主管再偏屬一言堂風格，部門裡就幾乎人人都長成這模樣了，厲害的主管還會演很大的在最後問大家：「有沒有人有其他意見想法，可以說出來參考。」最終在鴉雀無聲中收場，一切以主管說了算。

你自己在會議上或者與主管一對一的互動中，你會把自己的意見觀點表述出來嗎？如果會，這一篇你就別浪費時間可以直接跳過，假使你內心常有千言萬語，在現實世界卻老是隻字未提，那麼請你先探究自己不說的原因、類型，再來探討如何跨出舒適圈，讓你願意開口說。

你不說的原因是怕被輕視、怕冒犯、懶得講三類型中的哪一種型態呢？

怕被輕視

凡事其實有自己的觀點與想法，不過常常過分擔憂。有時是因為聽了主管的想法後反觀自己的，認為謀略相對不夠成熟，怕會讓主管認為自己專業不足，於是在內心將原有的想法一一抹殺掉。

更常是對自我專業缺乏自信，若在表達過程中，主管一個皺眉、沉思或提問，輕易的就將你逼往角落的小劇場，瞬間轉變成唯唯諾諾狀，信心度迅速呈現負數，最後選擇不說，反而讓你在身心上都能回到極舒適狀態。

不過那種舒適只是暫時的，因爲對於沒說出口的想法，內心還是會有些在意或不滿，因此對你而言最好的方法，就是「逼自己說」以及「早點說」，未來聽到主管開頭提問，你就立刻搶第一個說，若是怕自己不完善，你可以加一句：「或許還不夠完善，不過這是目前我初步先想到的，後續需要可以再補充。」

怕冒犯

你有想法意見一定會說出口，唯有與主管意見相左，你會考慮不說出口或持保留態度，尤其面對強勢風格的管理，你寧願看著事情、決策如主管所願進行下去，也不願意當那個說出想法後，可能被貼上反對者的標籤。

你在職場中相當順從且臣服於主管，雖是如此，卻非性格溫和柔順型。當你陳述自己想法觀點時，口吻嚴謹振振有詞都有其根據，表情也會較爲嚴肅，態度更是正經不苟言笑，每一個點都做到極致時就成了如法官般的宣判人員。

上述風格別說你認爲冒犯了，身爲主管若有顆易碎的玻璃心，也會有種被質疑或宣判的感受，所以建議你表達上先以**「認同論述」啟動，再以「反面論述」進攻**，說出你認同主管的觀點，接著在提出自己反面觀點前多補一句：「我從YY層面所言提出不同的觀點，不同於主管是從XX層面，主管您聽聽看如何？」

懶得講

縱然你腦中有千千萬萬個想法、也不是一個害怕或不敢說出口的人，但會讓你選擇不說，是因爲講了也沒用，有講等於沒講。在過去你與主管的工作經驗中一定循環著這樣的歷程，最後你選擇不浪費自己的口舌和時間，用一個看似讓自己會舒服點的方式來應對。

事實上，你悶著不說刻意憋著的結果是，最後主管的決議更是常讓你氣得牙癢癢的，整個大大影響你工作的動力。由於你在工作態度上相當積極，導致在表明自己想法時用字遣詞相較其他同事容易顯得尖銳、激進，情緒上也是極端激動或過於冷靜，尤其在與眾人意見都不相同時，無意間容易讓主管有被批判的感受。那要怎麼讓你重新開口說出來，主管也能聽進去呢？

在這裡，腦筋轉動迅速的你，我會建議你別急著說，**先傾聽抓關鍵，再用他的口吻說你的觀點**。先專注聽主管說了些什麼，再刻意地用他曾提過的事項來說你的想法意見。請注意自己給人的態度感受，擠出笑臉、聲音保持愉悅，說話速度放慢會有加分效果。

這類型的工作者，要突破「懶得講」這習慣關卡，重拾那個積極提出想法的你。雖然得花更大力氣，但我期待你能將技巧運用成功。

舉例子來示範：

「經理您剛才提到這次的ＬＣ新品，在品質可靠度測試部分，要大力著重在功能標準的良率測試上，這個新品良率是ＡＢＣ廠商採購時重視的權衡標準，而且ＡＢＣ市場佔有率高達60％。」

↓先傾聽抓關鍵：說出你聽到的重要關鍵資訊，讓主管知道你很用心專注聽他說。

「因此從經理剛才也有提到的可靠度測試上進一步想，我們除了能給出良率報告，讓他們信任我們，也同時針對ＬＣ新品中的Ｘ零件，利用韋氏分配做可靠度測試，能提供生產和業務單位這個產品壽命的測試結果，讓他們在與

ABC廠商接應互動時，有更有力的數據。誠如經理所言，新品不單重視能否運轉正常，更期望要能運轉的久。」

↓用他的口吻說你的觀點：刻意一直提到主管說過，製造主管的職權優越感和專業度，同時也讓他難以自打嘴巴。

工作佔據一天中三分之一以上的時間，有些人甚至長達二分之一，有話不說不表述，除非你眞的看得很開了，只是來把每一天上班時間給消磨掉，否則說出來有機會變成你期待的樣子，爲什麼要悶著覺得委屈，或者私下抱怨呢？

自己的類型	你可以這樣做：**開口和主管說**
怕被輕視	「逼自己說」以及「早點說」
怕冒犯	先以「認同論述」啓動，再以「反面論述」進攻
懶得講	先傾聽抓關鍵，再用他的口吻說你的觀點

狀況5

我講的都是重點了，老闆卻還是老叫我講重點怎麼辦？

每一次在企業內訓上「出色溝通力」這門課時，我只要提到有種主管老愛說：

「你的重點是？」

「你可以講重點嗎？」

學員間就會眉來眼去、接耳偷笑，點頭如搗蒜的回應我。這場景無論在什麼產業都會出現，而且是大概三分之二的工作者都會遇到這樣的困擾。

「可是我講的都是重點啦！」

這句話絕大多數部屬都不敢對主管說出口，只能努力的試著用另一種方式，來看能否達到主管講重點的標準。

會請部屬講重點的主管，大體上區分成這三大主因：**重邏輯的他摸不清你的邏輯思維、重程序的他認為你太跳躍未能按照流程說明、重結果的他沒有耐性傾聽任何細節**。

接著就來細談剖析這三類主管的互動、說話模式，並同時探究我們該如何做表述，不再讓主管認爲我們講話沒重點。

重邏輯Why

這類主管除了「講重點」這句話外，也時常毫不客氣的打斷你提問：「爲什麼？」要你解釋說明，也或者直白的說：「這麼做有意義嗎？這個案子的意義、成效是什麼？」

他是個邏輯組織非常強的主管，尤其在傾聽他人陳述時頭腦清晰，猶如偵探般的檢視是否言之有理、言之有物，有無結構且符合因果關係，尤其在方法策略與目標成效和實務市場是否緊扣相連。

舉個例子，當你這麼說：「由於這一季的業績未能達到目標，下一季我計畫跟通路合作，開發年輕族群的市場。」

主管會立刻問你怎麼思考的，他會用很像質疑的口氣提出：「開發年輕族群有這麼迅速嗎？讓你一季就能收割來補業績。」「你要跟什麼樣的通路合作，他擁有多少年輕族群的資源和戰績？」「業績未能達成最主要原因是什麼？解決那問題才是根本吧！」

因此在面對談事情重邏輯的主管，建議你先做好下面三件事：

1. **檢視自己要報告的內容**。預先提出主管會問及的問題，並且從各面向、因果、關聯性你都要能提出依據，這些依據可以是數據、事實或實務理論。

2. **口語表達有邏輯**。一開口就先精簡說出遇到的問題點，解決的策略方法，最後才補充說明這些方法的依據爲何，把要說的內容歸納成二到三個重點，並試著在開場這樣說：「我將用三分鐘的時間，分成二點來說明。」

3. **限制自己三到五分鐘內就能說清楚講明白**。這時你得剪去雜枝，雜枝就是主管口中常說的廢話，也就是即使不說也不會影響別人認知理解的話。

重程序How

當這類型主管脫口說出：「你能切入重點說嗎？」意味著他認爲你的表達太過跳躍未能依照流程步驟說明，因此他會常切入你的言談中問：「所以你說的這個要怎麼做到？」

重程序主管顧名思義，他喜歡別人能夠照著步驟順著流程娓娓道來，當他在聽部屬說話時儼然就像是電腦程式，檢驗著每一句話中，是否有清楚交代細節和流程，言之有序是他極為在乎的關鍵。

一樣的例子，當你這麼說：「由於這一季的業績未能達到目標，下一季我計畫跟通路合作，開發年輕族群的市場。」

重視程序的主管他會認為你沒能說出重點，接著開始一連串的問你：「這季沒有達成目標是為什麼？距離業績差多少？」「計畫跟通路怎麼合作來推廣？」「年輕族群市場是指哪些條件的TA？」有發現嗎？這類型主管會從中延伸出一系列問題，因此你能這樣做準備和應對：

1. **將所有內容排成一個時間流**。依照順序一個個說，別想到什麼說什麼，更別急著要說結論，怕忘記或太隨性，建議可以在筆記本上記下順序，以及流程中重要的步驟或細節。

2. **準備好規格的資料**。像是起始時間點、預算費用、成本、花費、完成度、SOP、風險評估……等，能背起來是最好，沒辦法的話也請備著它，以備不及之需。

3. **要和主管面對面進行表述時，讓他先知道整個報告的流程架構**。一開口你可以刻意這樣說：「這件事分成三個階段，我先說明這麼做的原因後，再從第一階依序說明。」

重結果What

最後這一型的主管他們很常說：「我沒時間聽你說這些，到底重點是什麼啦？」他是個極度沒有耐心的主管，如果下一句你還是沒能說到他想聽的，你可能會立刻被轟出去或請下台了。

重結果的主管要聽的是最後的結論、結果或戰績，前因後果他只想聽「果」，至於做錯了什麼決策？他沒興趣，他只想聽你「接下來要做什麼」，而不想聽你「解釋爲什麼」，你所言到底對他或部門好處是什麼，這就是他所謂的重點。

我們依舊看這個例子：「由於這一季的業績未能達到目標，下一季我計畫跟通路合作，開發年輕族群的市場。」

當你話才剛說完他就立刻問你：「這個新市場預估可以帶來多少業績？」「只有這個方法嗎？還有沒有其他的方法？」

和重結果的主管共事其實很簡單，掌握這個要素，溝通上幾乎無需花費太多時間和心力：

1. **將要報告的內容拿放大鏡找出主管會特別在意和重視的點**。這些點拿

出來說即可，此外特別要練習將結果說得漂亮又動人。不是要你吹牛，但要學會放大它，這有助於提升他的耐心聽你說下去，

2. **一開口就先畫餅給他**。你得這麼說：「這件事會爲我們帶來的好處是××，我預計的做法是××。」

什麼是重點？你認爲的重點爲什麼不被認同，其實不是你不會講重點，而是主管在乎的、想聽的才叫做是重點，不是他想聽的對主管而言都叫廢話。

主管類型	你可以這樣做：**明確表述**
重邏輯Why	有理有據清楚列點表達，並在短時間內說完
重程序How	排好時程、準備好資料，架構清楚
重結果What	先找出主管在意的點，開口就先說明益處

招術三

力推

主管沒魄力，
做個決定
推推托托怎麼辦？

狀況1

請示主管時，總是得到「要再請示高層」的回應怎麼辦？

「你的提議很棒，不過能不能這樣做，我請示後再跟你說。」

「這個不是我能決定的，我們再討論。」

「你的問題我知道了，我問更高主管後再回應你。」

當你請示主管問題或決策時，時常得到類似的回應，難免心裡頭會開始嘀咕：「怎麼什麼都要再請示，難道你身爲主管不能自己決定嗎？」

假使最後請示結果無法如你所願，在內心裡就更容易萌生一股：「你這主管有和沒有一點都沒差。」

我們先換個場景，一名按摩椅店的門市店員，業績最近慘澹無比，一位陌生顧客上門來跟他說：「如果你能給我VIP的優惠價格，我就立刻付現買這台按摩椅。」

猜猜看通常店員會怎麼回應：

A.「這個包在我身上，我來想辦法看怎麼湊單。」

B.「您稍等一下，我進去請示一下店長。」

C.「很抱歉，我們的VIP折扣只限VIP。」

顧客最想聽到A，只是我們最常得到的回應是B，如果聽到C的說法，我們還會嫌他沒彈性。

接下來換個角色，你如果是店員，回答會是什麼？

應該也是B吧！爲什麼？

不外乎兩個原因，第一個因爲沒有給予折扣的權限，或被授權的範圍沒能給到這麼低折扣，第二是眞的很希望這筆訂單能成交，有爭取有機會，誰不想做出好成績。

身爲顧客的我遇到A這類型的店員，一定付錢付得非常開心，內心不停讚賞這店員很阿莎力有氣魄，不過你知道嗎？身爲業務，他其實是鋌而走險的在做業績。一次過兩次過，眞的能保證每一次都過嗎？

服務產業最怕被客訴，會盡量讓每家店的服務品質流程一致，我以前待的公司也不例外。那時我們希望將迎賓到送客以及客訴的應對等服務統一標準化，其中有一個流程，在訪各店時我觀察到和原有手冊裡有些許差異，然而我也覺得現有的較爲順暢。後來在編制訓練課程教材時，我和主管提及此事，並請示他是要照舊還是依照現在在店內實際的流程，最後我們決定依照現場實際的接待流程設計課程。

只是在一次會議裡，我們向各家分店展示課程內容，當老闆看到那個與他制定流程順序不一樣的點，非常生氣的說：「那服務手冊是我親自寫的，不可能是這樣的流程，你們怎麼可以擅自把它改掉。」

請問如果你是我，是會冒著再也沒同事、成爲過街老鼠遭受嫌棄的風險，選擇當場抖出實情說「現場都這樣在做接待的」？還是勇敢地指出頭號幫凶說「是主管裁示說可以的」？這結局保證更慘，所以最後我選擇默默扛起一切。

這件事後續慘的不是重新設計教材、錄製影片而已，而是我在大老闆心中「黑」了好一陣子。主管呢？當然就是私下來摸摸你的頭，說你「委屈辛苦了」，看似在同一條船上，實際上他只要說出一聲「是我督導不周」，就好似和他完全無關係了。

有魄力的主管，確實在工作過程中會讓你有被力挺、支持的感受，做起事來也特別有衝勁，只是出事了，他們爲了自保，在當下可能也不敢牽起你的手，而是看著你跌一大跤。

而那個你以爲沒魄力、凡事都得請示的主管，你若願意試著從他的角度來想，他其實是在保護你，當然也是在保護他自己。

身爲部屬，未來聽到主管的回應是「他得再去向他的主管請示」時，你可以先分辨自己的主管偏向下述哪個類型：

謹慎型：他凡事依照規則流程，對於每一項工作細節的要求鉅細彌遺，只要不合乎規範或原則，他會提出說明讓你知道，更期待你也能遵守。倘若你有所堅持，他會讓你知道這不在他的權限範圍內，或者因爲這和之前提出的規格不一樣，得由主管批示才能執行或改變。

支持型：他會給予認同、肯定或口頭上的支持，或者當你提出遇到的困境與需要的支援時，他也會和你站在同一陣線上。不過礙於權限，主管一樣會要等到去請示主管後再回覆你可以怎麼做。

這兩類主管常被我們說沒彈性、太軟弱，實際上不然，而身爲部屬的你不應介入，想改變他的氣魄，因爲這是主管自己的課題，你能做的是改變自己聽到後的內在感受和後續做法。

你能做的就像是買電動沙發椅的顧客一樣：「等待」和「提供更多資訊」。

這兩類型的主管雖然不會立刻向上請示，但不表示不放在心上，而是他們得先想想怎麼和上一層主管解釋說明。

因此你除了讓主管知道What外，你更要能提供Why和How的資訊，這將有助於加速主管去詢問的行動，更是他在說明時很好的後盾。

就像顧客如果很想要拿到VIP價格，他除了具體說出想要的What外，一定會說他購買後的後續影響力，或者爲什麼沒有選其他家而是選這家的理由，他會用盡全力提出更多有利於你去幫他說服主管的資訊。

他的再請示並非是反對，更不是軟弱無能，而是為了讓工作能處在一個符合流程規則的世界裡，因此你得和主管處在一個合作的關係裡，而非對立關係。

當然，偶爾可能會讓你等了稍久一些，但你可以用尊重客氣的方式把他推向前去為你作戰。寫到這裡，我忽然覺得身為主管，真是好辛苦啊！不過他多領一份我們沒有的管理加級，辛苦也是應該的不是嗎？

主管類型	原則	應對技巧： **魚幫水水幫魚**
謹慎型	依規則流程，期待你能遵守，若堅持，只好向上裁決批示	1. How再多一些 2. 等待
支持型	給予認同，和你在同一陣線 礙於權限，請示主管後再回覆你	2. Why深入說 3. 推他前進行動

狀況2

有話為什麼不直說，要怎麼聽出主管的話中話？

個性直爽的我很不喜歡主管講話拐彎抹角，總得去琢磨是不是話中有話或是背後的含意，想要抽絲剝繭他的真意時，又會被唸說：「我就這意思，沒別的，你自己想太多了！」

過去在工作時，有段時間部門主管位置空缺，暫由教學部主任兼任，有次我和他報告新一季的課程規劃，他對我說：「妳能力很強，這些事妳以後自己決定就可以了，我不懂你們訓練在做什麼，我不過就是在簽呈上幫忙簽個名而已。」

季底時我猶豫再三，究竟要不要先跟他報告討論，再將簽呈給送出，不過想起他對我說的：「你自己決定就可以。」最後我選擇將規劃附加在簽呈系統中直接送簽。

下午系統發來審核結果顯示「reject」，備註「應該先跟我討論不是嗎？」我百般莫名的去找這位兼任主管，想搞清楚他當時話中含義的念頭勝過簽呈被核可。

我一開口就問了：「主任，您上次不是說這個計畫我自己決定就可以了嗎？」

主任回我：「我只要兼任你們主管一天，就得負責你們的業務，我是有說妳可以決定，但又沒說不用來跟我討論，妳太自以為是了吧！」

當下超想大聲吼回去：「我哪裡自以為是了，話都你在說的。」但也從那次以後，我不再只聽主管表層說出來的話，寧可多花點時間判斷有無話中話，也不要被說自以爲是或白目一族。

容易說出話中有話的主管大體上是溫和親切型以及一派輕鬆型，這兩類主管的說話模式完全迥異，相當好區分，而應對他們的模式也完全不一樣。

溫和親切型

這種主管非常害怕部屬受傷，因此談話總是層層包裝，不停繞圈子，談話時間越長越是抓不到他要表達的重點是什麼，尤其是他們要指正你的不是，或說出期待你應該有的行爲時更是如此，你可以看看下述幾個例子與解析。

案例一：錯了不直接說你錯了，而是用「好像」

「請問主任，這張表單這樣塡可以嗎？」

「我記得這個採購欄位好像不是這樣！」

翻譯：你塡錯了。

案例二：對你有額外期待，會相當迂迴

「Maggie，週六那天你有安排嗎？我只是想問看看，有事也沒關係。」

翻譯：希望那天你可以來幫忙或加班。

這類的主管在和你互動時總會讓你感覺很親切、講話口氣溫和沒有殺傷力，就像慈母般的輕聲細語，只是怕你沒有讀出他心中的話，容易誤把錯的當成是對的，更易於忽略主管想給你的提點。

請你未來在和他對話互動時多應用以下這兩個方式。

首先想和他確認事情時，避免讓他模稜兩可，請將封閉式問題改成開放式，例如：「請問這張表單這樣填可以嗎？」換成「**請問這張表單有哪些地方要再修正調整的？**」

另一個方法是換句話說。目的是確認他眞正的含義是什麼？因此在你聽了他的話後，直接將你所聽到的話中話給說出來，和他做確認，例如：「經

理，您希望我星期六來加班做哪些事呢？」（記得別用封閉問答，要用開放問答。）

一派輕鬆型

此類主管說話直接赤裸、大喇喇不迂迴，尤其是提出要求或改善時。這樣的主管鮮少有話中話的情況，他們說話較爲誇大和輕鬆，因此你會在該輕鬆還是嚴肅對待間難以抉擇。我們看下面兩個例子：

案例一：總是把他的感受透過言語或肢體給放大

當他說：「天啊！你也太厲害了吧！」

或者說：「拜託，這個設計也太沒創意了，你以前做的隨便都比這個好。」

翻譯：主管沒有眞的覺得很好或很糟。

案例二：回應問題過於輕鬆

當你說：「請問主任，這個報告急嗎？您有沒有什麼建議？」

他會回：「我沒意見，這個隨便啦，盡力就好。」

該類型主管讓許多職場工作者很頭痛，往往我們會太過認眞聽他所言。我建議你和這類主管對話後請打個折別太認眞。例如：他稱讚你的作品時說「從沒看過這麼棒的作品」，你要打折後告訴自己還有成長空間。

越輕鬆的話，試著翻譯成反話，並向他確認眞實的答案，像是如果他用：「盡力就好」、「沒意見」、「隨便」這一類的話，你可以這樣問：「所以主任我們毛利要再高多少？」「主任，報告明天早上給您會太遲嗎？」「這報告完成了能跟您先討論一下，再將簽呈送出嗎？」這些再追問後主管給你的答案，就會較爲明確具體，讓你有所依循。

職場上還有一類主管，他們是沒有話中話，卻常被他人誤判且加以過多詮釋的上司，尤其性格特別敏銳的人更會誤解他，就是「權威嚴謹型」。

權威嚴謹型

他們表述或交代事情時斬釘截鐵，講話簡潔有力，表情多半是不苟言笑嚴肅正經，聽你說話時不會將眼神全放在你身上，會看手上的資料或電腦，同時眉頭深鎖，時不時拿起筆在報告上做記號。

性格敏銳的人見到主管呈現上述狀態，很難不自覺地問自己：「他是不是不滿意我，也或者他是不是覺得很糟糕。」

倘若主管再多問一句：「爲什麼？」或是打斷你、針對你的談話內容要你提出解釋說明，你整個人可能就更慌。假使你是在做提案，你可能還會認爲他不喜歡，而當場換成另一方案，不僅你緊張到語無倫次，主管也被搞到毫無頭緒。

性格敏銳的你遇到上述類型的主管，建議你減少看他表情、降低與他對眼的頻率，別把專注力放在語調、口氣上，因爲這些主管通常口氣急促，語調無論高低都不是那麼討喜，你就只要聽他說出的內容即可。

老實說，現在的主管都很怕員工離職，講話都婉轉到眞的聽不懂，他們或許把我們想得太玻璃心了，殊不知話中有話更會造成我們無比的困擾。畢竟大家是來上班的，不是來猜心的。

自己的類型	你可以這樣做
溫和親切型	開放式提問，換句話說
一派輕鬆型	打折或翻譯成反話，確認真實答案
權威嚴謹型	減少與他對眼的頻率，只聽内容即可

狀況3

有聽沒有懂，要怎麼知道主管到底在說什麼？

在一次課程結束後，有位學員在我經營的ＩＧ「主管心你學」中提出：「主管常說他邏輯很強，但每次說的話都讓人猜不透。」我也曾遇過這樣的主管，無論是各別或小組開完會後，我和同事們總會討論著：「剛剛經理到底要說什麼？他的重點是什麼？他的意思是贊成還反對？」

當無法理解主管所要表達的意思，我不浪費時間自己瞎猜測，最主要是因為猜錯了的後果得自行承擔，因而得賠上更多時間或成本來作補償，甚至被主管錯怪為自作主張或斷章取義。

寧願在不明白主管的意思時，多花些時間透過提問和澄清來向主管做確認，直到我所聽到的與認知的，和主管想表達傳遞讓我知道的大體一致時，才開始動手執行業務。當然，這麼做有被嫌煩的可能，然而相較於出事了得自己扛，搞懂主管眞正的意思比做白工或被誤解更好不是嗎？

以下我們就分別來拆解探究話總是說不清，讓你摸不著頭緒的主管，他們爲什麼老是說不清？又該用什麼方式來與他們溝通，避免產生錯誤的認知或落入自己腦補、多想的狀態。

模稜兩可

有時是主管不想把話講死，而有些時候則是他不想負責，這些狀態就會讓他們在和你表述後，很難知道他眞正的意思。以下我用個例子來說明與破解。

「這個產品也不是不能給顧客折扣，只是得試著去跟高階爭取看看，應該機會很大，但如果顧客願意再提高訂單數量，成功機率會更高。」

主管這句話，你認為是什麼意思呢？是要你去跟高階爭取；還是請你去找顧客提高訂單量；或者是先從內部爭取，行不通時再從顧客端提出增量；也有可能是先找顧客商量，無法妥協再找高階。

甚至有沒有可能第一句話是說：「這個產品也不是不能給顧客折扣，只是得……。」因為他根本就不希望你讓出折扣給顧客呢？

當主管口中出現了也許、可能、好像、應該……這類不清晰的詞語時，你就得先聽好他的指示、建議中有哪幾種可能選項，再根據你對他的了解程度整理所說，用封閉或選擇題的方式，要他明確的回應。

像是這樣問：

「經理，和您確認一下，所以這次我們要不要給顧客折扣？」→封閉式

「經理，折扣的方式我先寫簽呈向協理爭取，您認為洽當嗎？」→封閉式

「經理，我們要先向高階爭取，還是先去向顧客做協商？」→選擇式

封閉式問法能從主管回覆「是」或「否」中確認主管的意願，而選擇式則是明確知道主管的偏好做法，與其猜測倒不如透過問題提問，直接得到確切的資訊。

過於發散

談話會發散的主管是因為有些事不想明講而不停繞圈子，也有可能「說不到重點」是他說話的習慣，導致整個談話中你不斷冒出問號想對他說：「您可以講重點嗎？」每次談話結束後，往往是主管說了很多，卻抓不到他所要表明的事項、重點為何，偏偏身為部屬的我們又不能不敬的對他說：「所以您的重點是？」

以下我用例子來解說如何應用4F提問法，將這團主管丟出的迷霧給釐

清；**4F分別是Fact客觀事實、Feel主觀感受、Find想像發現、Future未來行動。**

「關於你提出這項產品給予ABC公司折扣的這個提案，現在整個大環境都相當艱困，大家都期待能夠低成本高毛利，一個物品的成本有時不單是帳面上看到的成本，還有很多隱性成本，其實ABC這公司和我們合作很久了，在市場評價非常高，而且他們一向重視品質和效率，我們可以看今年還有哪些合作方式能夠拿到更多訂單。」

聽完這段話你會記下哪些重要關鍵字，成本、品質、效率、其他合作方式、訂單都能先抓出，從這些字眼中以4F提問法來進行演繹和歸納，依序這樣提問：

「ABC這案子我們公司在意的會是價格還是訂單量？」→Fact客觀事實

「經理，您不希望我以折扣的方式讓利給ABC是嗎？」→Feel主管感受

「經理，這個案子除了成本要考量外還有什麼？」→Find想像發現

「經理，您對這案子的期待是『要達到不影響我們的利潤，但也能顧及他們期待的品質和效率』是嗎？像是：縮短交貨時間這類的方式。那請問下一步我們要怎麼做？」→Future未來行動

和這種主管對話時耐心和高度傾聽力是必要的，否則你就只會在越加模糊的焦點中或自己腦補過多的資訊下揣測他意，到時若錯了，苦的還是自己。因此，請你務必培養耐心，建議拿起紙筆記下你聽到的關鍵字，避免他一說久了、遠了你也忘記他到底說過什麼，就很難進行演繹提問以做確認。

講話沒邏輯

講話前後矛盾、顛三倒四的主管，是最令人感到害怕的，當你以爲抓到他要表述的重點時，他另一番話卻又推翻了他前面所言，前後論述沒邏輯不連

貫，讓你完全無所適從。

面對這樣的主管你得多擔待一些，用5W1H架構的方式重新組織他所言，請他從中確認哪些不是他要表達的意思，並請他加以說明原意是？舉個例子來說明解釋。

「這個折扣方案我的權限只能給到九折，但ABC公司是VVIP，給折扣是應該的，九折會不會太少，或者我們也可以上簽呈再爭取，可是他們採購入帳票期時間要半年，給九折會不會不利於我們？」

沒邏輯的主管說的每句話好像都很有道理，只是整合起來後卻又不知所云，聽完後建議你應用5W1H（Why, What, Who, When, Where, How）來和主管做確認。

「經理我想請您幫我確認您的意思是否爲，ABC因爲票期一般開半年，所以訂單量越大，我們公司的應收帳款週轉率越低（Why），如果要給九折折扣我這邊得去協商他們的票期時間（What, Who），什麼樣的訂單量和票期會是我們能上簽呈爭取低於九折的折扣？（How）」

沒邏輯的主管若再加上沒什麼主見，反而是你能有所發揮之處，只要你能歸納整合他的意見，再加上你自己的想法和建議，言之有理的重新表述，讓主管無形中順著你的邏輯模式來回應，反而讓你更好做事。

遇上話永遠說不清的主管，眞是辛苦你了，你們的不對等關係要他把話給說清楚講明白，對彼此都很爲難，我們就當作是透過與他的互動，順道練習提升自己的提問能力。這能力練就後，除了誰也搶不走外，還能減少聽錯話的機會，提升你與主管的溝通效率。

主管指令 不清楚的原因	你可以這樣做
模稜兩可	確認建議中有哪幾種可能選項，再考慮用封閉或選擇題的方式，要他明確的回應
過於發散	4F提問法：Fact客觀事實、Feel主觀感受、Find想像發現、Future未來行動
講話沒邏輯	用5W1H（Why, What, Who, When, Where, How）架構的方式重新組織主管的話

狀況4

主管做錯事，該告訴他嗎？又該怎麼提出呢？

你我一定都有過犯錯的經驗，在面對他人指正錯誤時，你的第一反應是什麼？對自己越嚴格的人，越討厭說錯話、做錯事或下錯決策時被糾正，但只要是人都會犯錯，主管也是人當然也會有錯的時候。

在組織中，你不難發現階級越高越說不得也聽不進，他們對部屬賠不是的方法也越加有藝術，可能是請你去吃個飯，將某個特殊專案或顧客分派給你；或者遇到糟糕的主管，是去找個人來負責揹黑鍋，來表示非自身的錯。

身為部屬看見主管有錯，說與不說眞是兩難的選擇。

有次我和部門高階主管一起搭電梯，主管說：「週三我們的預算會議被安排在五點去跟總經理報告，妳準備得如何？」

我當下發現時間不對，立刻糾正主管說：「不是五點，是兩點半才對。」

主管立刻回應：「我們部門一直一來都是被安排在最後一場，妳記錯時間了。」

我相當有自信的說：「我不可能記錯，今天早上我才又看了一次會議的信件通知。」

主管有點惱羞成怒地說：「我說五點就是五點。」

同電梯裡的其他人都不敢出聲的看著我們在那爭得面紅耳赤，直到電梯門再次打開，辦公室不在三樓的同仁也都出去了，留下我跟主管兩人繼續搭到七樓。

我的個性向來不服輸，一進辦公室，立刻將那封會議通知打開，確認我是對的後，將會議行程印出來，並用紅筆圈出我們部門被安排的時間點，用紅色（急件）公文夾送進主管辦公室。

一場我糾正主管錯誤的戲碼結束後，接下來你應該猜到了，換我很有戲唱——一天到晚被該主管找麻煩。

當然在職場中，還是有願意承認錯誤、錯了願意開口道歉的主管，無論遇到哪種主管，身爲部屬請謹記以下這三個原則，避免一不小心就被列爲過度關愛的對象。

公開場合不可說

非一對一的地方都是公開場合，假使在會議中主管提報的數據、事實有嚴重且致命的錯誤，你再心急也別脫口說出正確資訊，這麼做不會讓主管認爲你救了他，反而讓報告的他無地自容，這時不妨用書寫的方式透過紙條間接地提醒他。

有了證據不需說

主管說錯了相關資訊，或者明明是他所指示的作法，失敗了卻死不認帳，雖然你手上有證據文件可證明是他的錯，但請別爲了證明自己的對，而拿出來對簿公堂，這會讓主管感到你似乎有意針對他，甚至是刻意收集這些資訊要弄倒他。建議這些證據你留著收好，假使有天會影響到你的飯碗或名譽了，再拿出來也不遲。

做法不合不用說

在下策略和做法時，主管終究不像資訊數據這麼客觀，也會有難以判斷對與錯的時候，況且多數主管對於他所提出的想法策略，或是不合理的要求都相當一意孤行，你說了也沒用，反而容易留下推卸、反抗、不受教的印象。除非他是個沒什麼主見，總是接納你的意見、顛覆他原先想法的主管，或許可以試試直接說。

如果主管的決策眞的有錯，且確實會影響成果，我們不說出來難道就照著做錯嗎？是的！你就快馬加鞭的照主管所說去執行，才能用執行過程和階段結果讓他看到眞相，到時候你不需要開口說服，他自己就會默認要你趕緊修正他的錯誤了。

不過有兩種較爲特別的主管，除了上述三個原則外，你得再用多些方法讓他發現錯誤。

鴨子嘴硬型

這種主管在你告訴他做錯後，要不就簡單一個「喔」字帶過，要不就是努力用各種方式解釋，主張「我沒有錯」，若你不能接受屈服時他會丟下一句：「我說的就是對的。」

鴨子嘴硬型的主管極愛面子、自尊心強，奉勸你不用跟他爭對錯，你可以讓主管自己發現問題自己說出來，也或者用暗示的方法讓他意識到自己的錯誤，主管其實很聰明，這無疑也是種幫他們找台階下的方式。

舉個例子：

有一天中午Gray特地約經理一起去員工餐廳用餐，吃飯時除了聊一下職棒各隊戰績戰術外，席間還提到朋友的公司，最近花大筆費用請來廣告公司進行產品包裝設計，只是產品本身品質不佳，花大錢改善包裝也完全帶不動業績成長。

最後Gray還刻意跟經理說：「這就跟花錢進場看棒球一樣，球賽現場啦啦隊再美再辣，啤酒再好喝東西再好吃，球隊沒能發揮實力贏球，心裡頭就是難免有些失落啦！」那天下午，經理即主動示意要Gray把剛定案的新品發表會，隔天在會議上重新討論執行方式。

耍賴推託型

主管在你說他錯時會展現出像小孩般的行爲，不承認自己有這樣說過或做過，最讓人無法接受的是他會故意呈現一副無所謂的樣子，甚至把錯怪到部屬或他人身上，指責是因爲沒有人提醒他或當初大家都沒有意見……等。

面子和自尊是此類型主管的氧氣，就算錯了也會把自己的錯合理化，在他的人設裡就是不允許被標上錯這個字眼，既然如此，倒不如自己跳出來揹下這黑鍋，再反過來請他給予你協助。

舉個例子：

採購主管小陳在會議室裡被副總質問：「誰叫你一次進這麼多貨料，原有庫存都還堆在倉庫裡，現在你告訴我這些貨料怎麼辦？」

小陳不加思索的回應：「協理，是我做事不夠謹慎，沒有確實將倉庫現貨做精準管控，貨已付款無法退回，再請副總指示看能否將貨先配送到各分店去。」

所有與會的人都知道，上週會議中是副總說因應母親節活動，堅持要小陳再進貨，會議中小陳也有提出現貨的大約量，會議結束後大家都拍拍小陳說：「眞是委屈你了。」

小陳跟我說：「扛下來貨就能出得去，副總的個性我們又不是不知道，我一點都不委屈啊！」

主管錯了，說與不說都是藝術，你只要記住，沒有爸媽喜歡被兒子指著鼻子說自己錯了，再親的關係日久也會有裂痕，但身為兒女的我們可以用暗示、示弱的方法，一面能顧及爸媽的面子和自尊，一面也能保有好關係。

主管類型	你可以這樣做
所有主管的通則	公開場合不可說 有了證據不需說 做法不合不用說
鴨子嘴硬型	用暗示的方法讓他意識到自己的錯誤
耍賴推託型	先揹下這黑鍋，再反過來請他給予你協助

狀況5

情緒不穩定的主管，該如何見機行事好好相處？

相信大家在職場中一定時不時會遇到情緒不穩定的主管，男女皆有，這狀態和某些家中父母親一樣，或許是孩子真的不如他意，也或許是遇到其他事不順心遷怒。姑且不論是父母也好、主管也罷，他們的性格我們無法加以改變，但我們可以透過察言觀色來決定怎麼和情緒不佳的他們相處。情緒不穩定的狀態可以分成冰冷和火爆兩種型態，應對冰和火的方法完全大不同。

冰冷型

該類型主管情緒不滿時的表達方式相當內斂，他不會對你吼叫，也不想和你正面衝突對峙，他會以置之不理的方式冷處理你。你要找他討論公事他可能會回覆：「現在沒空，你寫mail或傳訊息給我，我有空再回覆你。」他要交辦的事情也會透過信件或他人來轉告。

開會中你在報告時他有在聽，但會以低頭姿態避開與你的眼神接觸，主管會透過各種冷淡的形式來展現對你的不滿，除非你的主管一直以來都是如此冷淡的與你互動，否則就是你惹到他了。

你得緊急迅速以ＩＣＥ技巧來融化冰山，免得冰層越結越厚，ＩＣＥ技巧應用依序是：

Important重視

得把目前的狀況列爲最優先處理的順序，讓主管感受到你很在乎他的情緒反應，當面把這個點給解開。記得有幾個原則要掌握：**假借其他公務名義請求單獨談話，對話空間不會被其他人聽到或打擾，即使被主管婉拒了要再透過各種方式約到成功為止**。

主管也非等閒之輩，他當然知道你要做什麼，幾次的閉門羹就當成是我們讓他享有主管之位的優越感。總之你就是要讓他願意和你單獨面對面談話，這一切都是爲了讓自己往後的日子好過。

Check檢視

請你想一下在主管冷淡你前的幾次互動中，是不是有哪些行爲舉止、說話態度或方式，讓他感受到不被尊重，這時你得以放大鏡檢視自己，或許那些你認爲沒什麼的事，都有可能是他的在乎點。

例如有次我只是在會議中回覆了主管一句：「這有很難嗎？這很簡單，只是我們要不要做而已。」就被冰冷對待。也有聽過搭電梯，未讓主管先進先出；直接向上級提出專案建議，或是說了聲「屁啦！」就得罪主管……等諸如此類的原因，只能說冰冷型主管的「毛」也挺不少的。

Explain解釋

開門見山一坐下就先提出你自己的不是，並且表示抱歉或悔意，舉個例子：「上次會議中經理提到關於Account Service的設立，我不經思索的就回說『這沒什麼困難』，是因爲我很期待這個專案。事後想想，我講話眞的是不經過大腦、不看場合就亂表達，我對自己那天的魯莽跟您說聲抱歉。」

在道歉時對於自己這樣回應的理由還是要陳述，免得事後深感委屈內傷，只是不要過度爲自己的行爲作辯解。

另外，要用更多篇幅來闡述自己讓主管不舒服的點。雖然有時會發生「你說的點都沒中」這種情況，不過前面的道歉已讓冰冷型主管漸漸恢復優越感而退冰中，他自然就會說出真正被得罪的原因是什麼了。

火爆型

單從字面上的意思就能看出火爆型的主管就是很容易受旁人影響一點就炸，不過他們的脾氣往往來得快去得也快，有時你都還沒摸清狀況，他已經進入下一個情緒高峰或低谷了。這類型的主管在情緒表達上直接不隱藏，並且巴不得全世界都知道他正在氣頭上，因而會刻意將表情、聲音、語調、動作極大化。

當火爆型的主管火氣正在頭上時，假設你不知情或情非得已一定得去找他溝通，一定要記得轉移他的注意力。不然就算讓他火爆的原因並非因你而起，被掃到颱風尾的機會也很大。面對這類型主管你得運用以下的FIRE技巧移除火源幫他降溫。

Find發現

他們的「毛」沒那麼多，如果你原本就是善於觀察的人，那應該不脫離你知道的那幾項，只要繞開雷區你就能相安無事。如果你是新進夥伴那就問問那些資深同事，這類型的主管通常不會隱藏，大喇喇的風格其實相當好捉摸。

有些人情緒爆發在規律的某些時間，像是每次主管唉聲嘆氣的狀態進入會議室，出來後就會丟文件夾或碎念；有些是一早進辦公室就情緒不佳，可能是帶著上班前在路上或和家人間還沒消的氣上來，這些你都可以在發現後記錄下來，避開和他互動接觸。

Isolate孤立

當火爆主管氣在頭上，你急著提水去救火，無疑就像是廚房的炒菜鍋著火，你卻火上加油，更一發不可收拾。這時最好的處理方法應該是拿鍋蓋蓋上，隔絕氧氣助燃便可化險爲夷，也就是暫時讓主管一個人好好冷靜，等他的情緒降溫。

Resist抗拒

如果不得不在當下和他近距離互動，記得戴上口罩、穿好隔離衣，別讓他將情緒傳遞給你。其實主管越氣，你更應該保持鎮定，別隨之起舞。

Effect影響

在主管情緒不穩定的情況下，最高級的挑戰是你得影響他，你才有辦法轉移他上一個情緒焦點，將專注力放在你將和他談論的事情上面。除了上述的抗拒外，你得進一步去影響他、感染他的情緒，讓他從低潮中迅速攀升至高谷。

可以利用外物，像是一杯咖啡、美食、零嘴等，也可以是一個非常好的消息。當這些都沒有時，你可以先聊些他會感興趣的事物，總之就是要幫他轉移注意力，影響改變主管當下的情緒感受。

職場中我們無法選擇主管，他的情緒控管問題也非我們能去限制規範他，不過起碼我們能先看清他的樣貌：冰山款先融化，地雷款後拆解，在對的時機用上對的方法，和他好好溝通好好相處，才不會讓自己白受氣了！

主管類型	你可以這樣做
冰冷型	Important重視：讓主管感受到你很在乎他的情緒 Check檢視：放大鏡檢視自己，是否有踩到他的點而不自知 Explain解釋：表示抱歉或悔意
火爆型	Find發現：仔細觀察，避開地雷區 Isolate孤立：讓主管好好冷靜，等待降溫 Resist抗拒：保持鎮定，不隨之起舞 Effect影響：利用其他外物轉移注意力

招術四

換位

主管總是偏心，整天找我麻煩怎麼辦？

狀況1

主管有私心，要如何取得資源？

二〇二〇年我去一家公司連續上了七個梯次的溝通培訓課程，他們儘量安排讓各部門同一時間上課，其中有個梯次的學員Eddie與同事們的互動讓我印象相當深刻。

在當天早上的課程中，Eddie會舉手和我互動，不過只要和小組討論時，他雖然身體面向小組，可是我從未見過他開口參與討論，其他同事也都沒有和他往來。

中場下課和用餐時間他也都獨來獨往，直到下課後他留下來問我：「卡姊，今天課程中我終於知道原來是因爲我的性格和其他同事大不同，和主管更是迥異，怪不得我在團隊中像個隱形人似的。」

聽著他述說這段話，可想而知他平時在辦公室工作一定不會太愉快，Eddie說他自己其實不在乎，認爲反正是來工作的，但我反倒希望他應該在乎。就是因爲是來工作的，這類員工看似專業強能單打獨鬥，但越是這樣反而越得不到主管手上的資源或支援。

人和人之間是相互的，你越與我走得近，兩人的關係就會越深，反之亦然。說是主管私心也好偏心也罷，在那樣的環境中，若你不身處在小主管的圈圈裡，好康自然不會第一個輪到你，但壞事倒挺有機會第一個降臨在你身上。

職場裡主管會將怎樣的部屬當自己人呢？依據你的展現以及和主管互動關係可以區分爲這三類型：

老大型：這類主管喜歡部屬當他的粉絲，成爲他和團體的啦啦隊。無論在工作或下班後當他提出行動時，部屬都會義無反顧在一旁高舉雙手喊衝，並且一路跟隨前進。只要把他當老大，他就會一路罩著你，要什麼有什麼，有好處也不會獨佔，一定與你共享。

摯友型：該類型主管若是男性稱號多爲暖男，女性則屬閨蜜。在工作、生活以至於個人情感上，彼此都會互相吐露眞實的感受，主管不單是接收方，也會是傾訴方，把你視爲摯友等級，一旦你在工作上開口或暗示需要請求，他絕對會想盡辦法協助你。

投資型：他不是那種人人都可以交上好關係的主管，往往大家都對他敬而遠之。能成爲他的自己人，得要在工作上具有策略性的思維模式，像一位善於策略佈局謀劃的軍師一般，而且獻出的策略要確實能執行，且帶來具體的績效，你就會是其他同事眼中主管的自己人。（這類主管較爲高傲不會認爲自己跟誰較好。）

要不要當主管的自己人選擇在你，高處不勝寒，只要是主管都會希望身邊有貼近、至少可以讓他們取暖的人，或以示證明自己的存在價値感。

有些具體行爲你願意做，能讓你從圈外慢慢打進圈內；但如果你不想進入核心，或許能透過每一次的溝通，試著利用表達的方式，讓自己在圈圈的邊緣，至少不要被主管分配到最外圍去。

根據不同主管的類型方法上各有不同，若你希望**打入核心**就請「刻意開始」，倘若你只是希望**不要被邊緣**，那就從言談舉止「彼此有互動」即可。針對不同類型的主管你可以這樣做：

老大型

打入核心：釋出你最大的善意，可以是一杯簡單卻刻意買給他的咖啡、一份美食，或者旅遊回來送一樣他專屬的紀念品（有他的名字或他獨有的款式），一本你近期看過很好看的書或一部很棒的電影、一場球賽等等。他喊衝時你千萬別喊停，而是精神飽滿大聲呼喊的一起向前衝。

不被邊緣：把功勞都歸於他，凸顯他老大的才能。

「我從沒想過可以這麼做，原來問題點在這，謝謝主任。」

「多虧主任您上次特地點出的問題，讓我這次的專案有不錯的成績。」

摯友型

打入核心：情感交流先別從工作面開始，建議從個人生活或感情面，找個時間和你的主管傾訴一番，結束後可以寫個訊息或一張小卡片，謝謝他花時間傾聽陪伴，描述你和他互動前後的內在感受。

不被邊緣：以溫和的口吻，發自內心展現眞誠，話中強調他的重要。

「眞的很謝謝您……」「眞的很抱歉……」「眞的……」

「如果沒有您的提醒，我這次一定很難完成這筆訂單。」

投資家型

打入核心：先找出主管行事曆中能聽你述說十分鐘的時間，從自身的專案先開始，有無和過去不一樣的觀點、或者是跳脫框架後能怎麼做得更有成效。例如下盤棋般的說出你的戰略，讓他也說說他的看法，取得信任後再慢慢滲透到非你的工作項目——可以是整個團隊或無中生有的提案，讓他從看見到欣賞最後善用你的金頭腦。

不被邊緣：論述合邏輯，精準表達出獨特有遠見的觀點。

「上次我們討論的事情，我做了分析，可以從兩個層面切入。」

「您交辦的事項，具體成果……（給予精準明確的數據或指標）。」

假使你是有這方面困擾的讀者，這些方法一定和你平時與主管的互動行爲大相逕庭，不過若你仔細觀察那些你認爲和主管親近的人，他們大多不僅符合以上行爲，還會做得更多卻很自然。

在這還是得提醒你，一開始的彆扭是正常的，這就是改變的啟程，只是千萬別覺得自己好做作、很諂媚，你只是不習慣而已，當然想突破關係還是得用適合你的方法，否則四不像可能更慘。

那天Eddie和我一起走出電梯，確定沒有公司內的人了，我才敢大膽的回應他：「你的獨處性格對照你們部門主管的摯友風格，你能做到摸上邊別被當空氣對待就好，如果想打入核心，怕你會把自己搞得裡外不是人。」

記住！和主管不用是朋友，但千萬別是陌生人。

主管類型	你的定位	打入核心， 你可以這樣做	不被邊緣， 你可以這樣做
老大	粉絲、啦啦隊。你跟著他衝、他罩著你做事	釋出最大善意。專屬他的禮物、推銷分享好東西、賣力的啦啦隊	把功勞都歸於他，凸顯他老大的才能
摯友	彼此吐露真實內在感受。你需要時他想盡辦法協助你	個人生活、情感或秘密交流。一張卡片訊息表達感受	以溫和真誠的口吻，話中強調他的重要
投資家	策略謀劃軍師。把你當他的另一顆腦	提出有別於過去觀點，跳脫框架。不用對他唯命是從	論述合邏輯，精準表達獨特有遠見的觀點

狀況2

自認表現很好，考績卻不如預期怎麼辦？

我一直認爲績效考核是職場裡看似公平但其實隱藏著許多不公平的評斷方式，因爲主管是能依據個人喜好厭惡給予評分，就好比棒球比賽裡我們怎麼看都是好球，但裁判若判壞球就是壞球，裁判最大他說了算，即使教練或球員抗議也沒用。

在職場上認眞努力工作，卻怎樣都得不到理想考績時你會怎麼做呢？是據理力爭？自認倒楣？或是自動離職呢？在職場上大家應該都很在意考績吧，不在意的人，可能是一直以來認爲考績只是參考用的，這樣的公司也不是沒有。

在意考績的原因除了和年終、分紅獎金、加薪幅度、升遷機會緊扣在一起外，它也像是學生時期在學期結束後的成績公布，讓自己知道這半年或一年來在團隊中的排名，同時也能確認主管是否認同我們的表現。

只是在公司強迫排名的制度下，往往是幾家歡樂幾家愁。踏入職場後一路拿到二等（一等最優、五等最差）的我，把只有5%名額的一等視爲努力目標，直到兩年後，有一次從主管手中接過成績單，開獎時發現不進反退的拿到三等，眼淚當場不爭氣的撲簌簌掉下來。

當時經理說了一段話，到現在我都還忘不了：「妳覺得自己表現好，不代表主管覺得妳表現好；就算主管覺得妳的表現好，那也不代表別人沒妳好。」

年輕氣盛的我邊深呼吸邊應答著問說：「可是主任面談時說我表現優異，爲什麼卻落在普通的成績？」

經理繞一圈後回我：「每一層級的主管都有考績的決策，有機會多多觀察新的處長會期待妳哪些表現？」

考績的決定不完全是你直屬主管說了算，有時還得看他的主管怎麼看你在團隊中的貢獻或表現，甚至你在他心中的角色是「討喜」還是「眼中釘」都會有所影響，說句白話就是你得「營造重要感」。

棒球員都懂得主審中有人苛刻有人寬鬆，標準不一致抗議也無用，倒不如花時間研究摸清每位主審的好球帶範圍，來去拿捏投球上的控制和展現。我們在職場上也能分析、探究主管的好球帶依據爲何，如果你總是拿不到滿意的分數等級，可以如何補救呢？

以下將主管們在裁定考績時的依據標準分成四種類型：

公平型

考核面談時會清楚指出高低分項目，例如他會這樣說：「看這半年你的表現，ABC項做得很好，DE因為有嚴重進度落後的情況，這部分請再加強。另外，你還遲到過三次……，所以這次考核結果我給的評等是×，不過最後還是得依處長做裁示。」

為了以示公平，該類型主管打考核計分、權重比例完全參照公司的標準制度，而評斷每一條項目時，則是他平時就會替你的工作表現作記錄，就像學校老師那樣，好表現立刻在黑板畫顆蘋果，出錯或表現不佳就劃掉一顆蘋果，只是那個黑板他不會大喇喇的秀給你看，而是隱身在他抽屜裡，直到考核時才會攤在你面前一起檢視。

想從公平型主管手中拿高分，得清楚知道計分板裡有哪些項目、加分與扣分的準則。而除了具體的工作目標外，出缺勤、公司紀律也都得加以留意。倘若考績不如預期，建議你直接請示他：如果下一次想拿好考績，得怎麼做出具體的改變。

權重型

考核面談時話不多，他也不覺得需要跟你解釋他是怎麼打分數的，也有可能根本不進行面談，有也兩三句就結束：「這次考績我已經打好了，接下來工作ＡＢＣ這幾件事你可以看怎麼做會更好，大致上沒問題的話就這樣。」

權重型主管在乎的是實質貢獻而非達成與否，他會從成本、效益、時間……等來做衡量，完成項目多、業績好，不一定績效就會高分。打個比方：業務績效大多來自舊有顧客，比起去年也沒高成長，另一位同事如果新顧客開發率高，且也有帶來業績，他會給與後者更高分。

和權重型主管一起工作，你得將自身工作依照年度公司策略，部門團隊ＫＰＩ比重來排列出順序，依比例投入時間和心力，讓公司策略、主管期待和你的工作重點完全一致。最後，提醒你這類主管除非你出狀況脫軌了，他很少主動關懷你的工作狀態，因此時不時主動和他高調談一下最關鍵的一兩項工作進度和策略思維，讓他留有你花大力心思在某項工作上的印象，對於考績有好無壞。

感覺型

此類主管在考核面談上讓你較能坦然接受，因爲無論好壞結果他們都會以輕鬆的態度、口吻來進行，表達較爲直接：「這次考核成績好壞都不要太過在意，好壞有時也不是我說了算，好就繼續更好，不好在意也沒用，向前看齊才能向錢看齊。」

和公平型與權重型主管相較之下，憑藉感覺打考績的主管好似抓不到原則與標準，不過我們可以掌握他對於事情的習慣，他們在工作上抓大放小，不在乎細節，因而偏向記住大事件。大好大壞的工作表現就是他打考績時的依據，還有他急需救火時，你能出手相救會讓他留下印象，例如：下午臨時需要派人出差做簡報，舉起你的手就能被他看見記住了。

工作期間除了爲自己製造一、二個優異絕佳的工作成果外，準備打考績前一個月的工作表現、團隊合作、出缺勤也都會停留在他的記憶中並作爲依據。建議你在快打考績時，表現出讓主管讚不絕口的成績，或者接受一項突破性的大挑戰，好讓主管對你的印象加分。

好好型

這類型主管平常深得部屬心，不過打考績時爲了不得罪任何人，就顯得稍加軟弱，他盡可能不做排序，只是在公司制度要求下，只好採取輪流法。有些主管甚至很直白的告訴你：「我覺得你真的表現得很好，也很盡力用心在工作上……（不停說他多認同你的績效），但是因爲○○××，這次你先暫時犧牲一次。」

遇到好好型主管你也無可奈何，績效考核這段時間他相當痛苦，就像父母般的不想讓團隊夥伴覺得他偏心誰，只好採取輪流吃糖或備受處罰模式，由此也能知道團隊中和諧氛圍是他所在乎的。

在他的團隊中記得別獨善其身，想拿高分或不想墊底也不是沒法子，如果你能凡事皆以團隊爲重，在團隊中主動給予其他同事工作上的協助，他是好人你就扮演老好人，如此一來，他勢必無法將你的考績分數往後擺。

每個主審都有他喜好認定的好球帶，主管也有他激賞的工作表現方式，主審的判定會影響投手的下一球表現、甚至是整場賽事，而主管打定的考績影響我們的不只是薪酬，更多的是接下來工作的動力和熱情。

與其把時間和心力放在抱怨、計較主管的不公，或看不慣的地方上，倒不如嘗試摸索找出主管的好球帶，投出好球取得好成績，不是更實在嗎？

主管類型	評分指標和依據	我們可以這樣做：「營造重要感」技巧
公平型	目標達成度優先，紀律遵守次之，同分時的排序才會將態度做參考	1. 清楚知道他的計分板項目（加分、扣分項目、規則與標準） 2. 請他指出你可以再更好的具體方式
權重型	對整個部門的貢獻度，功勞大過苦勞	1. 公司期待->主管要求->工作重點 2. 別只默默將事情完成，低調做人高調做事
感覺型	近期效應＋月暈效應，專案挑戰性與成果	1. 考績前一個月注意表現、製造亮點 2. 跳出協助救大火
好好型	難以給予排序，採用輪流法（好、壞皆是）	1. 人際互動、團隊協作 2. 讓他感覺你委屈了

狀況3

主管的無理謾罵，是不是不該再隱忍下去？

我曾遇過一位高階主管，他呼喊部屬是在辦公室內直接對著外頭大喊：「那個Emma妳給我進來。」不只針對Emma而已，Jason、Henry也一樣，即使是部門經理也都一視同仁。

不過比起被呼叫進去，大家都覺得比主管自己走出來好多了，因爲每當他出巡到座位旁，總是極盡可能的冷嘲熱諷，所有不堪入耳的字語毫不客氣脫口說出。

「你怎麼這麼笨，還國立大學畢業的，學歷假的吧！」

「這提案是用腦想過的，可以認真在工作上嗎？別拿出這種沒水準的東西。」

每次聽他這麼罵部屬，我就慶幸自己的主管不會這樣，不過慶幸之餘更想大罵他的部屬們，明明心裡就極度不舒服，卻只會在背後抱怨，不敢正面反擊，任由主管羞辱。

該部門在主管以言語極力鞭策下，業績高居各事業部第一，離職率也一樣高掛第一，同仁們來做離職面談時，大家都狂訴苦這些日子來所受的言語霸凌，異口同聲表示前期還能靠業績獎金說服自己留下，但長期下來精神折磨非常人所能忍。

這場景好似某些家中施暴與被施暴者，從大眾心理學來看這些職場施暴者，他們的傲慢是來自於自信不足，或者在他們過去的職場經歷裡曾有過類似的傷，更或者他們的上層主管也正以此方法和他互動。

說這些並不是要你同理或同情他。請你再將上述施暴原因仔細看一次，現在的你若選擇不向主管說出心裡的難堪與不舒服，未來就有很大的機會成為複製版的職場言語施暴者。

不過「開口說」這件事談何容易，沒說好換來的下場在未來應該更難以生存，甚至有可能得離職走人。與其可能得面對如此難以收拾的結局，不如苟延殘喘過一天算一天，當作沒聽到樂觀點就好。可惜的是耳朵可以假裝沒聽到，心卻是聽得很清楚且受傷。

因此為了你自己，試著向主管表述你的感受，提出你的期待。只是該怎麼開口才不會破壞關係呢？《正面迎擊的力量》作者芭芭拉．派崔特（Barbara Pachter）提出了WAC模式可以運用在此，以Emma和副總的互動來說，或許能試著這樣說、

What：具體說出問題

「副總，每次您要請我進來辦公討論事情時，都會在辦公室裡大聲說：『Emma，妳給我進來。』，每當這樣呼喊時，一旁其他部門的同仁都會抬起頭來看著我，那種被看的感受相當不自在。」

WAC的第一步驟，要同時具體說出兩個事實，一個是主管對你造成困擾的行爲爲何？另一個則是，你自己因爲此行爲被影響的狀態是什麼？上述兩件事在表述上務必力求簡潔和具體。

此外，請千萬別爲主管的行爲找藉口，像是：「副總我知道您是因爲急，所以才會在辦公室呼喊我。」看似在幫主管找台階下，實則讓主管認爲自己的行爲是合理的——既然你都這麼說了，那他們的行爲也是剛好而已，不是嗎？

Ask：要求

「副總，您以後要叫我可以撥打我的桌機，我會立刻進來。」

WAC的第二個步驟「要求」是針對該問題提出解決的辦法，具體的建議主管該做什麼事、改變或停止什麼樣的行爲。

記住要求必須緊接著第一個步驟「具體說出問題」後提出，除了不要讓主管有爲自己的行爲辯駁的時間外，也能避免主管認爲你是在指責或命令他，假使剛好你的口氣又稍加急促，就更容易被認定是無禮的以下犯上了。

Check：取得承諾

「不知道副總認爲我這樣的提議如何？」

請記住WAC的最後一個步驟萬萬不可省略，這主要是用來確認對方的想法，要讓主管親口說出承諾才能讓他正視這個問題，也比較會記得。

而由於是「向上」管理，所以在請求對方時的用字遣詞需特別注意，請把主管當成是老師一樣的求教，千萬別用對同事或屬下的方式，例如：「可以嗎？」「做得到嗎？」「你說好嗎？」之類的字眼。

很多人在一開始運用WAC模式時很容易覺得卡卡的，更不曉得要怎麼說才自然。不過只要你願意像小時候我們學九九乘法表一樣的重複記憶運用，相信最後一定能應用自如，就連「希望主管別在下班

WAC公式	你可以這樣做	你可以這樣說
W：What 具體說出問題	描述困擾的行為對你造成的影響	「主任您上週有二天都在下班前決定開會，由於不能準時離開，讓我無法在下班後趕去上有氧舞蹈課程。」
A：Ask 解決問題的辦法	要求做什麼事、改變什麼	「不知能否將會議時間再提早半小時，或是挪至隔天一早。」
C：Check 請求回應	確認對方的想法	「主任您認為這提議如何？」

前才開會」這樣的事都能用WAC提出，你不妨找機會練習看看。

在職場上那些飽受謾罵卻還死守在該主管底下不離不棄者，要不就是等退休，再不就是工作表現很糟糕，怕沒去處，另外還有一些人是每天都計畫離職卻遲遲沒行動，或是早已有另外打算、正等著收其他公司錄取通知的行動者。

倘若以上描述都不符合，那就是你脾氣太好，人太佛心，天生喜歡受苦難，因此選擇一忍再忍，只是這就像病痛一樣，放著不理不會自動痊癒，等你深覺問題大了，也只能選擇開刀（離職）讓他遠離，才能保住你的心理健康。

既然隱忍久了最後會走人、提出反應失敗後也是走人，何不早點說說看。我認爲走人不是上上策，要運用WAC模式讓你正面迎擊又不傷和氣的表述對方帶給你的困擾才是。

有時候我們不說，主管並不知道原來他的行爲對我們造成困擾，或是不舒服。請相信主管對於部屬感受的敏銳度沒有我們想像的高，甚至職位越高感受越弱。

把不舒服說出口、讓主管知道，就有機會改變你和他之間的溝通互動模式；倘若你選擇委屈，只會讓自己受傷，或未來成爲比主管更可怕的謾罵者。

記住！職場上唯有你最在乎自己的心情是否安好！

狀況4

不合理的工作目標要求，要如何跟主管開口？

全世界的主管大多有一個共同特質，他們在訂定部屬的工作目標時多半不會用常理判斷，同時也無法聽進部屬提出的下修期待，你認同嗎？

爲什麼會有這樣的症狀呢？曾經也是部屬的他，怎麼會毫無同理心呢？我們現在透過二個問答，來找尋他們這個症狀的緣由。

假設你開了一家雞排店，去年在你的努力下扣掉成本後淨賺五十萬元，你會希望今年淨賺多少呢？□萬，空格請寫出一個數字。

相信大部分的人都會落在七十萬上下，少數人會設定一倍的成長一百萬，但你的數字絕對不會低於五十萬吧！想一下爲什麼？

接續有位朋友想和你一起經營雞排店，你將目標告訴他後，他整理了一份完整的市場評估報告後想告訴你：你訂的目標太高了，達成率微乎其微，要你別好高騖遠，你還會想和他合作嗎？爲什麼？

關於上述兩個爲什麼，我個人的回應分別是，去年可以做到五十萬，今年當然要高於五十萬，而且先設定高一點，就會想方設法去達成；朋友想要合作應該是去找策略看如何達成成長目標，怎麼會是花時間在證明做不到，要來說服我下修呢？這種人很有可能和他合作了不但不會盡力，反而有扯後腿的疑慮。

因此主管不是沒有同理心，而是在那個位置上爲了生存只好喊一個數字來爲難你。那既然我們無法改變什麼，倒不如換個思維，想一下該如何迎戰主管提出的不合理目標。以下介紹用三個階段做好向上管理，反過來讓主管全力幫助你。

步驟一：接受它

如果說了也沒用，就別再花時間想該怎麼說服主管，更別笨得花時間找資料來證明你做不到和失敗的原因。有時主管也知道不可行，只是他和你一樣無法與他的主管或公司抗衡。

還記得要一起經營雞排店的朋友嗎？他告訴你目標很離譜根本做不到，要你別好高騖遠，你應該完全不想和他合作吧！把情境角色調換一下，你對於目標的抗衡不也很容易被主管貼上標籤，反而可能因此失去原有的資源或被主管忽視？

想想讀書時期，功課考試再多我們不也是只能選擇接受，越哀哀叫有些老師就越故意出更多更難的作業和考試。日子好過比較實在不是嗎？我建議你聽到目標後直接回應：「關於這些目標相對應的策略、方向，我會再加以評估、計畫，我能再找時間和您請教討論嗎？」

步驟二：面對它

接受主管的無理要求後面對他的第一個方法，是用今年的目標來去檢視過去一年的做法，你做不到或失敗的原因有哪些？例如：客訴率從8%下降到5%，你以5%這新目標去檢視去年的狀態，只做到8%沒做到5%的原因有哪些？並且試著逐一找出對應的策略、改善方法和所需資源……等。

你再次去找主管時，要展現出內心接受但嘴巴還是喊著痛的說：「這次的目標真的好難太有挑戰了，很怕自己做不到，我相當努力的想著該怎麼做才能達標完成。」把你所想到的策略方法以及需要克服的困難點一併說出，也同時聽聽主管的意見，仔細聽出主管最在乎哪件事，才有機會幫助你在最後階段要到額外資源。

步驟三：挑戰它

最後階段是提出更高的目標，可以是時間更短、成本更少、績效更好，不過這得依據前一階段你和主管的對談中得知的訊息，他在乎哪一個專案，或是你負責的目標任務中哪一個是公司的重點目標。

你只要針對主管在乎的、公司也重視的項目提出更高規格的挑戰即可，例如軟體工程研發師，主管期待開發新功能速度加快，假使主管目標是十個工作日，那你就將標準提高到八個工作日，並隨之說出爲了這標準你需要的資源、支援分別是什麼。

你看到這裡可能會心想，原本的目標我都做不到了，現在還要挑戰更高，這怎麼可能呢？主管也是人，只要是人就是會忍不住想幫助那些奮發向上，高目標高挑戰的人，只是他手上的資源有限，當然是把資源投在相對有高報酬的地方，是你也會這樣做不是嗎？

如果你有在健身房做重量訓練，教練每次都會訂下一個你覺得會爆掉的次數，就在你突破後，下一堂課次數或重量就再往上加，而每一次也都在你喊著「我不行了」「做不到」的同時，偷偷幫你撐著身體一下下，你就又達標了。

其實工作目標也是這樣，只要你接受它、面對它、挑戰它，主管也會化身成健身教練助你一臂之力，因爲他的成就感來自於你的成功。

與其花時間去煩惱做不到，倒不如把時間拿來煩惱怎麼能做到。

三步驟讓主管幫助你	你可以這樣做
步驟一：接受它	口頭上先接受，再將目標加以評估後再找主管討論
步驟二：面對它	把策略方法、困難點提出，同時聽聽主管的意見
步驟三：挑戰它	主管重視的項目，主動提出更高的目標以爭取資源

狀況5

主管接了一堆額外的工作，我是做還是不做？

我表嫂育嬰假期滿，最近剛返回職場工作，那天在家族聚餐閒聊了一下，順口問了她半年後重返職場會不會不適應。表嫂說：「其實都還是相當熟悉，畢竟我算了八年的公司員工薪水，只是上面換了位主管，我的工作職位、職務和薪資都沒變，但業務範圍卻變廣了，好像被逼著成爲斜槓中年。」

後來表嫂再進一步解釋：「新主管很弱，總是延攬了一堆專案和工作回來，有些八竿子和我們原有的職務範圍一點關係都沒有，搞到我常加班，小孩也只能多花些保母費晚點接回家。」

你的主管也是這樣嗎？包山包海把所有工作都包回部門來，高度順從上位者，同時又要求屬下必須服從，這類言聽必從型的主管，往往不但讓自己做到死也連累部屬累得半死。

另一類會把不必要的工作帶回部門的主管是好大喜功型，有可能攬下這工作讓他有額外的好處。多數時候更是因爲愛面子、逞口舌之快，或是在會議上被他的主管激將得逞，毫無理性、下不甘示弱的將非部門的工作或公司重大專案全給攬下，身爲他的部屬們也只能跟著忙上忙下，搞得部門人仰馬翻。

遇上這兩類主管，除非你選擇離職，否則強烈建議你一定要共同承擔這些延攬回來的額外工作，這麼做不是要你巴結主管，而是保住他也保住自己的飯碗，怎麼說呢？我們分別先來探究你不承擔的後果，再來談談承擔後你又能爲自己加碼到什麼。

言聽必從型

你說他不會拒絕也好，形容他軟弱也罷，這是他在面對人際溝通互動上的大罩門，我先來幫他還原在會議室裡或面對他主管時的場景。

相信每當在會議上大家遇到主管提出某一項新專案，希望有部門自願出來負責時，與會的所有人一定都是低頭不語、避免與主管對上眼。當然，言聽必從型的主管不會笨到舉手說「我們部門來」，這時高階主管看到大家沈默不語，只能先找好說話、不會拒絕他的人下手，即使對方一開始婉轉的拒絕，最後還是會在半推半就、被逼迫下打包帶走。

對於這類主管包回來的工作，如果你眞的不想分擔，只要開口說：「**我手上忙不過來。**」這類的話，他絕對不會勉強你。如果你擔心他記恨，請放心，他不會。他是個體恤部屬的主管，深知大家手上工作都很重，這些你們不吃的他就一個人通通吃下，自己加班熬夜拚死拚活地將它完成交差。

看他一人擔下你可別在心裡得意的想著：「自作自受，你自己接下的，怪不得別人。」因爲再厲害的人一天也只有二十四小時，能處理的事就這麼多，生理上負荷著沈重的壓力，再加上無人相挺，你說能不生病嗎？

在被壓得喘不過氣時，主管會選擇離職來得到解脫，接下來上頭找來接手的主管，在管理風格上絕對會和原主管有一百八十度的差異。強勢、獨裁這兩個性格一定少不了，因爲根據前面的經驗，高階主管一定會認爲唯有這樣的主管才能帶領團隊一起做事。

你的日子將從天堂掉入地獄，這時才後悔自己沒幫忙已經來不及。所以建議你在職場中遇到言聽必從型的主管包工作回來時，就和他一起擔起來，幫助他將這些份外的事務做得有聲有色。其實他的頂頭上司也有眼睛，論功行賞時不用開口也會多少偏袒你們一些。

好大喜功型

這類主管無論隱性或顯性都有著一種愛展示自己或部門專業才能的特質，會議室裡他多半是自己脫口而出拍胸脯保證能包下那些份外工作，唯有少數是因為過往表現過於優異被上級指派。

他們回到部門後會立刻將你找去，連哄帶騙的說要給你一個機會，請你將工作攬去，顯示出對你有很大的期待和信心，請你好好幹，要不就是召開會議告訴大家這是最新任務要大家一起分擔。好大喜功的主管在表述分派工作上是較為強勢有力，你要拒絕他也不是不行，只是得耗費更大心力，不如用那些心力來做事更有意義。

一旦你拒絕他可能會有的後果：一種是主管會刻意將你孤立於團隊外，部門會議時就請你留守接電話，他擺明就是要冷凍你，自然同事與你的互動也不敢過於主動頻繁；另一種則是在未來工作分配上，那些重要關鍵的專案項目都不會落在你身上，這間接影響著考績排序、加薪幅度和獎金都會有所犧牲，與其如此被對待倒不如接受它讓自己日子好過些。

不過好大喜功型的主管包回來的，都不是那種有標準作業流程的工作，其實你能藉此機會增加能力、經驗和實力，甚至在公司的曝光和能見度都可提高。你若將此事加倍用心完成且做出好績效，他也不會吝惜加倍奉還你該有的好處與獎勵。

我以前在人資部門工作的老闆曾經包回董事長對外退休媒體記者會上的表演活動，那段時間我們不僅利用上班時間做準備，也用了大家的下班時間來排戲練舞。當那場記者會結束，許多外賓握著我們董事長的手，不斷稱讚我們這十分鐘的表演。

那時我的老闆就是偏好大喜功型的人，因爲這樣，我們常會做些根本不屬於人資的工作。當下我們當然做得又累又怨，不過也因爲這些有的沒的的專案，讓我們幕僚團隊被各事業部門的高階主管看見和重視，後續在推動相關業務上，他們不再是百般抗拒，反而會助我們一臂之力。

既然主管都把工作包回來了，是同一個團隊就一起承擔，多花些心思讓這些份外的工作結出令人驚艷的果實，進而爲部門也爲自己帶來意外的收穫，或許這樣對於主管胡亂攬工作的習慣能更加寬容，做起事來也會更順心愉快。

主管類型	你可以這樣做
言聽必從型	不想做：說「我手上忙不過來。」 建議：和他一起將這些份外的事務做得有聲有色
好大喜功型	不想做：冒著被孤立於團隊外的風險拒絕 建議：藉此機會增加能力、經驗和實力

招術五

跳脫

主管討人厭，
要如何和他共事？

狀況1

明明沒做錯事，要認嗎？錯了，又該怎麼認？

工作中取得主管的信任得透過日積月累才能建立，然而只需幾次的錯誤，或犯錯後的不當應對和處理，即可迅速毀掉它，最怕的明明是豬隊友的問題，最後卻是你遭殃或被主管誤解。

職場中出錯難免，有些是不懂不會不熟練，有些是無心之過，有些則是明知故犯，無論是哪種錯誤，或多或少都會損及主管對你的信任。

這時得清楚區分主管面臨部屬犯錯時的立場，以及他們期待部屬的因應方式，抓準道歉的時機點、強度，才能降低犯錯帶來的信任與損失。

請看以下的圖，橫軸是犯錯後你在態度展現上給予主管感受的強烈度，右邊的主管相對在乎態度問題，分別是慈母型和大王型；左邊的嚴父型與法官型主管更加在乎的是事情的因果。

再從縱軸來看，犯錯後的因應方案模式，大王與嚴父型主管偏向決策果斷、速戰速決，而法官和慈母型則會期待有條不紊、面面俱到的因應。

以下就來說明這四類型的主管他們的具體樣貌，以及要如何向他們認錯。

慈母型

這類型主管在你犯錯時，你若眞心誠意且主動地說聲抱歉，像是：「**我錯了，這件事完全是我的疏忽。**」他的氣通常就全消了，偉大的慈母還會認爲是自己沒有將你照應好，要你別太自責，事情過了就算了，並且陪著你一起討論出後續要怎麼處理。

因爲慈母自己也當過子女，他很能換位思考，也很怕你因爲犯錯而羞愧或挫敗，所以他多以關懷的方式取代責備，身爲部屬的你在慈母底下犯錯了，請你要主動承認，並且向他述說自己的錯誤點爲何後，能再多加一個你的錯對他造成的困擾是什麼？

有次公司尾牙我被主管們灌酒，醉到如何回到家的都想不起來，隔天是上班日，但等我起來已經下午兩點了，手機上顯示有數十通主管葉經理打來的未接來電，就在猶豫著要不要打電話去賠不是時，電話響了。

葉經理是慈母型主管，我接起來立刻說：「經理，對不起我醉到現在才起來，一定讓您很擔心，工作的事情也因爲沒去辦公室耽擱了，眞的很抱歉。」經理只說了句：「知道妳沒事就好，工作的事不急。」一點也沒責怪我。

大王型

犯錯後面對大王型的主管，若你推託或試著說明犯錯理由，在他聽來都只是藉口，反而會怒惹他，反之高調承認自己的錯誤是最佳策略，你可以這樣說：「**我竟然犯了這種錯，眞是太不可原諒了。**」

大王天生不拘小節但很敢擔當，對於部屬做錯的時候，不愛聽理由也不喜歡花太多時間追問原因，當你據實稟告錯誤爲何時，建議你同時也已經在執行補救措施中，不要耗時間在那自責。還有大王的脾氣和氣勢都很外顯，通常會大聲說話、飆罵，不過那口氣出完就也過了。舉個例子：

Angela在一次投標時把金額寫錯，導致沒有順利得標，她進副總辦公室報告這件事，正說著寫錯理由時，大王型的副總會沒耐心打斷她說：「錯了下次自己小心一點，我沒興趣聽妳講做錯的原因，妳也不用一直說抱歉，說說下一個標案怎麼拿到比較務實。」

嚴父型

這型主管平時互動就以嚴厲出名，你可能都還沒開口，就被他的表情和無聲給震攝住，他更不會給你機會說理由。比起你認不認錯，他更在乎的是：**事情接下來呢**？

嚴父型的主管在職場裡不談人情只管事情，而且要你給出邏輯式的決策，犯錯了直接重點式的表明錯在哪，你雖然不用跟他說錯的理由，但你要清楚找出原因，從原因延伸出補救方式，避免未來再次出錯。他的腦袋比誰都清楚，別想矇混過關，沒有準備好對策千萬別找他。

我們團隊第一次承辦三天兩夜的新人訓練時，第二晚學員們玩到三更半夜，大家在第三天地課程上睡得亂七八糟，隔週一上班處長就把我們叫進辦公室，冷冷的問：「那天是什麼狀況？」主任回說：「學員們精神不濟，老闆在說話大家狂打瞌睡。」

接著處長就直接開罵：「睡成這樣能看嗎？你們怎麼辦訓練的，說一下之後的梯次要怎麼調整？」主任緊張的回說：「我們等等開會討論下午跟處長報告。」處長不但不想聽下去還完全不留情面地說：「進來是討罵的嗎？都過兩天了，沒有人有對策，整個部門都在混啊！」可見主任的反應不但沒有用還成了反效果。

法官型

法官型的主管顧名思義就是規規矩矩，對錯沒有灰色地帶，你可以說理由講原因，他會依照規則或經驗來做判斷，只是他若宣判你是錯的你還要辯解，那他可就不會客氣的陪你玩到底。

你應該知道在法庭上自行認錯且帶有悔意，一般都能得到寬恕，職場上的法官型主管也是如此；具體說出犯錯的行為、態度，檢討會犯這些錯的原因所在，並提出一到二個彌補作法請主管給予建議指示，最後更要能承諾不二過。

我曾經與法官型主管共事，在一些簽呈行政作業上有錯誤時，他總會立刻指出錯誤所在，接著一定會問我為什麼這樣是錯的，再追問做錯的原因，要我牢牢記住正確的做法，並且複述一次給他聽。有時候還會要求我寫一份SOP，下次要送出前先對照自己寫過的SOP做確認。

無論哪一型的主管都期待部屬有錯就承認。但假使是因爲其他人的延遲、錯誤、影響導致自己犯錯，當主管一聲罵下時，我們是要委曲求全還是積極理出頭緒讓主管知道非自己的問題呢？

職場中不公平的大小事一堆，受委屈被誤解這種事，我認爲若這件事主要負責人是你，這些因別人而導致錯的原因，主管是聽不進去的，反倒有可能認爲你是在推卸責任。尤以嚴父和大王型主管，快速提出後續作法較能符合他們速戰速決的個性，有些事你不用說主管其實都知道。

反之若是做事有條不紊的慈母和法官型主管，你可以先暫時扛下所有責任，別急著在第一時間或公開場合立刻反駁，多少要顧及主管的面子與感受，緩一緩私下再找個時間單獨解釋整件事情的緣由。

信任感建立不易，犯錯是信任感很大的殺手，我們不可能都不犯錯，但我們應該在犯錯後，依據主管的風格讓殺傷力降到最低。

主管類型	你可以這樣做
慈母型	真心誠意且主動說聲抱歉
大王型	高調承認自己的錯誤
嚴父型	找出錯的原因延伸出補救方式
法官型	說理由講原因，確定是自己錯後不辯解

狀況2

如何讓主管對原本印象不佳的團隊成員改觀？

幾年前，我剛入職一家美容產業工作，在一場擔任新人教育訓練講師的活動中講述公司歷史事蹟，因爲一個字眼用得較爲不恰當，又正巧董事長走進來聽到，他立刻往講臺走去，大聲斥責我：「公司歷史怎麼可以讓妳亂講，下去！」

回到辦公室協理Emily立刻把我找進辦公室，安慰我說：「舒涵，我知道妳很用心準備這次的教學，老闆只聽到片段難免會曲解原意，這件事我會幫妳。」

Emily幫忙我的方式不是去跟董事長解釋澄清，而是利用全員大會這更大的舞台，再給我一次翻盤的機會。那次我們一起規劃一個「全員拍氣球」活動搭配顧問的演講，董事長極爲滿意美容師們在課程中積極投入與活力的展現。

北中南活動結束後，董事長請我們人資部門吃飯，當主管提到這次全員大會時，Emily和顧問都一直在老闆面前誇說：「這場活動都是舒涵規劃設計的，她在教育訓練有很豐富的經驗。」

從頭到尾我們未曾去解釋那天新人訓的事情，因爲董事長在全員大會後他只記得我的優異，同時期待我們部門未來在教育訓練上可以有更不同的展現和成果。

從黑翻紅不是我幸運，而是主管Emily了解董事長相當重視團隊的績效成果，因爲Emily的向上管理與睿智領導，讓我重拾回對工作的自信與熱情。

雖然在組織中的升遷、加薪都讓身爲主管的你有制度可依循，重要專案人選也是你能指派的，只是制度外總是還有位上司，有時他的一句話遠勝過於制度。或者在資源有限下，主管難免私心，備受喜愛的部屬當然是獲勝的一方。

當你的主管不喜愛你的部屬，對他留有不好的觀感、印象，身處上下之間的你該如何扮演中間橋樑和翻譯的角色呢？首先，不妨先從判斷主管對於團隊的期許後再謀略如何行動。

你的主管重視團隊的優先順序是什麼？成果績效、紀律秩序、效率成長還是氣氛人和，什麼樣的人會被他拉黑，拉黑後又該怎麼翻身，居於中間的你能扮演什麼角色協助部屬，才能魚幫水、水幫魚。

成果績效為先

此類主管最在乎戰績表現、團隊締造好成績，有任何好表現都能讓他在會議室上備受高階重視或其他部門的仰慕、十足有面子，成員各別對團隊ＫＰＩ

的貢獻度就是他心中的排名順序，任何資源好康一定先想到當紅炸子雞。

該主管熱衷於競爭中贏的感覺，加上愛面子，因而會被拉黑的原因不外乎這兩事：一是部屬的表現害他在眾人面前無法大聲說話或因而被他的主管怒斥，尤其是他曾信誓旦旦誇下海口的事件，另一個則是說話內容令他感到不悅，讓他有失面子的感受。

你同樣身爲主管，千萬別想用第三者的立場去幫部屬做澄清或解釋，這類主管他只相信他自己所看和所聽到的，你的解釋只會被當成藉口推託而越搞越黑，連你可能都跟著遭殃。

黑翻紅的方式是幫助部屬「被看見」，給他重要舞台、專案，並從中幫助他做出驚人展現，讓主管對這成績表現留下好印象。若苦無此機會可安排，可趁主管表揚讚美團隊表現時，刻意高調表示有此番成績該部屬是重要功臣。

紀律自序為主

有條有理規矩行事，凡事照公司規章政策做標準，萬事都以他說的流程步驟執行，是這類型主管最愛的團隊，他無需擔憂被外人挑戰或質疑團隊的對與錯，因爲對錯自有標準可判。

喜歡遊走在界線邊緣，以及老愛對他所言提出挑戰質疑者，會是他列爲黑名單的觀察對象，而那些目無王法、屢屢知法犯法者早已黑到谷底，因爲他認爲只要一個脫序就會影響整個團隊，並且讓他無法用同一套標準做管理，是最大的困擾。

其實要消除主管的壞印象相當容易，只是你身爲主管得嚴加督促著部屬，讓他聽話行事且遵守紀律規矩，當他完全做到及格，你握有他轉變後的實績，才能在主管面前施力幫他從黑脫身。

脫黑後想翻紅，得靠你幫他「說弱點讚揚長處」；先告訴主管你的部屬有多優秀。請記得在表現成果或行爲時，能順帶提出一個部屬的弱點，避免讓主管認爲你這是老王賣瓜，同時也能爲較微弱之處先在主管面前打一劑預防針。

效率成長為重

這個類型的主管較爲冷酷，不只表情、連說話也是冷冷的，他將多數時間精力都聚焦在工作上，因而對於和他一樣的狂人，相當執著於專業、完美的部屬反而容易引起他的注意。

這樣的主管非常討厭拍他馬屁、抱他大腿的部屬，也非常不喜歡凡事都說沒意見、事情總是一問三不知，說得模糊不清楚，以及沒專業實力卻愛展露頭角自以爲是的部屬，這些行爲都是列入黑名單的指標。

要從黑名單中被移除，唯有靠部屬自己進修提升專業能力，並且將這些專業知識、技能轉移在工作績效表現上，讓主管發現部屬的迅速成長，成果得讓他有種看到寶的驚訝和震驚。

你身爲中間橋樑，能夠爲部屬做的是幫助他在面對上一層主管報告時能展現自信，表達上要有邏輯、講重點，如果部屬表述總是過於浮誇，你得訓練他以精簡實在又帶有數據、事實的形式作陳述。

氣氛人和為優

雖然是職場但期待團隊間彼此互動要像家人般的和諧，該型態的主管希望大家和樂外，工作中也要互相給予協助，一起打團體戰、一起贏得榮耀。

此類主管很少將部屬拉黑，即便不喜歡部屬的某些行爲、性格，也會儘可能的包容，然而若是太過強勢、固執己見、我行我素，刻意引爆團隊間紛爭，或者對團隊忠誠度亮起黃燈訊號時，他就會將部屬暫時列入黑名單觀察輔導。

在團隊中以重氣氛爲主，你居中用間接影響的方法讓主管對部屬改觀，透過第三者向你的主管傳達該部屬的優點、強項，這類主管耳根子軟，尤其是非自己部門人所言，他有時聽完都還會檢討自己是不是太嚴格了。

再者你也能請部屬擔任帶領新人工作一職，再直接的和主管聊聊部屬額外付出的時間、心力與貢獻，強化部屬付出投身於使團隊一起變好的工作行列。

要做好向上管理已經是一門很難的議題了，再搭配上團隊裡形形色色的部屬，承上啟下這份工作眞不簡單，然而也唯有你能同時知道兩方的思維和性格，從中居於協調化解對立的角色。

主管類型	你可以這樣做：**居中協調**
成果績效為先	幫助部屬「被看見」
紀律自序為主	幫他「說弱點讚揚長處」
效率成長為重	教他面對上一層主管報告時展現自信和邏輯表述
氣氛人和為優	透過第三者向你的主管傳達該部屬的優點

狀況3

我可以拒絕主管嗎？

「韻如，妳的工作能力非常強，我想說這個新專案交付給妳。」

「子維，這週六你可以加班嗎。把GT那個開發給完成。」

「雨萱，妳的績效表現很好，部門主任的缺，我和處長討論由妳來補上。」

「俊傑，下個月要派人去美國，學原廠機器如何保養，你護照準備一下。」

「詮勝，你怎麼沒有加入Line的群組，每次聚餐也都不出席？」

主管直接或間接提出的指示請求，我能加以拒絕嗎？我們先來聊聊拒絕與否的依據，再來談那些你眞的不想被迫的請求，該如何有效的提出拒絕，讓主管點頭說好又不記恨。

心理學家阿德勒說：「人們有時爲了逃避，會捏造自己生病一事，以此爲藉口，躲進安全地帶，圖一時輕鬆。」當主管提出請求時，你先問自己想拒絕這件事的主要原因是什麼？

是因爲非工作職掌範圍、或是超出你的專業能力所及，還是認爲這是件吃力不討好的事。若是這些事對你而言並非輕而易舉，甚至得讓你耗盡力氣，還難以掌控成效，有其挑戰程度在，選擇拒絕主管就猶如阿德勒所言，你是在逃避，因爲爲了達成這些請求都讓你得跳脫舒適圈。

拒絕與否的標準依據，我會用「機會」來看待，當然也必須得放遠來看這機會所帶來失敗的「風險」我能否或願意承擔嗎？

過去在職場上，主管要我去幫事業部門主持新產品發表會，這既非人力資源部門的工作職掌，我也從未參與工業產品的發表會，未來事業部這款產品業績好，也絕不會歸功於我的主持。我若答應得花很多額外時間去了解他們的產品以及用語，如果你是我，你會接受還是拒絕呢？

我評估後認為可以擴展舞台經驗，同時能和事業部有更多互動接觸的機會，這些都遠遠大於主持不好的風險，於是心想，他們都敢說邀約我了，我有什麼好怕的。

不過假使風險非我能扛，即使主管苦口婆心苦勸或拜託，我都會勇敢地拒絕。雖然有時難免還是會被迫接受，不過至少在未能得到預期的成效時，主管的責備會輕緩些。

有次部門要主辦天使募資活動，主管指派我擔任和嘉賓的對談主持，我深知自己毫無提問的經驗，而這場論壇成敗攸關著後續資金的到來，這風險遠大過機會太多，一時間也無法將專業技能給補到位，最後我還是跟主管說：「我思考了一天，這是個很好的機會，不過我的能力不及，會讓這場論壇的成果降低，期待下次有機會時，我能再次爭取這機會。」

然而，在職場中我們常常不敢拒絕，或認爲這件事非自己不可，有時則是因爲個性好強什麼都想爭第一，對於主管的請求概括承受，讓自己的工作負荷過重，若你心態上不能放自己一馬，我跟你說再多拒絕的技巧，你也無法用上。

有時候主管沒我們想像的對「被拒絕」那麼難接受，對於你會說「好」他也沒這麼有把握，不過是抱著姑且一試的心態；更有時候是他吃定你，對你的印象就是都會說好、不會拒絕的性格使然，再者你得時時提醒自己，這件事你不行一定有別人可以，不想累死在戰場就要勇於取捨。

對不是出自逃避或閃躲的請求，拒絕主管要三階段進行，分別爲：

階段一：表示重視

任誰的請求被直接拒絕都難免有失落感，身爲主管更是如此，尤以高自尊和低自尊型的主管更是，一個表面高傲，另一個則是習慣笑笑的說沒關係、實則很在意或很受傷。

建議你在聽到請求後，先表達出關心這件事情，例如：

「經理，請問這個新專案我們需要提出簡報的日期是？」

「經理，我最近加班都一直在處理這個GT開發專案。」

「經理，我們部門主任一職已空缺三個月。」

「經理，我可以去美國學原廠機器如何保養，這樣未來儀器出狀況就能自行解決了。」

「經理，晚餐聚會和Line群組我沒參與其中，不過我都有跟進部門在工作上的資訊。」

階段二：告知困難點

若在公事上負荷過重，可以條列說出你手上有時間壓力的關鍵工作，以時間管理四象限來說就是「緊急且重要的事」，這些事情的工作期限與所需要的時間爲何。

假使是和個人意願、能力有關係，可以婉轉地表示自己的喜好或考量點。而最不怕得罪人的方式，則是拿出家人來做擋箭牌，例如：「升遷意味著責任加重，初期爲了讓團隊上手，我得額外花更多時間在工作上，我太太期待我能多些時間陪伴她，目前承接主任這角色勢必會帶給我們夫妻間更大的爭執。」

假若你無法立刻在主管提出請求時整理說出手上現有的工作，這階段寧可先暫停也別漏說了，你可以向主管表示：「經理，關於您提的事情，我先確認一下我手上現有的重要工作任務，下午主動再向你匯報，看我可以怎麼做。」

階段三：找出最佳解

上階段若有完整提出時程因素而無法應允主管請求，最後階段有些話讓主管主動開口提出會更好，像是：手上的哪個工作可以先暫停，或交出來由某人接手。若意味到這專案是團隊得一起完成，你非得參與其中時，那就搶先說自己可以負責哪個部分。

有些主管聽完你的困難後會裝傻，就得由你持續開口讓他清醒，你可以和他進行交易，用他請求的事物來換取你手上正在進行任務的時程延後，或者趁機向他要些額外的資源提升工作效率。

公歸公、私歸私，現在因爲通訊軟體讓主管公私時間和空間都不分，主管拉Line群組可以不加入嗎？看你。我自己是選擇不加入大群組，而臨時爲了某專案組成的群組在專案結束後，我會選擇退出。

只是我會在現實世界和主管同事有更多面對面的溝通和互動，當主管提到群組提的某件事時，我還會刻意說：「這幾天忙到都沒有點進去看。」幫自己畫界線，也別讓主管對你有過度的期待。

拒絕就和業務精神一樣，說出來就有機會拒絕，拒絕不成也有機會能換些取到時間或資源上的支援，最糟糕就是拒絕不成只能硬吞，但至少我們試過了，也讓主管知道我們不是事事好樣樣行、可以被凹的員工，不是嗎？

拒絕主管三階段	你可以這樣做
階段一：表示重視	先表達出關心這件事情
階段二：告知困難點	條列手上有時間壓力的關鍵工作
階段三：找出最佳解	讓主管主動開口提出給予資源或支援會

狀況4

要怎麼和討人厭的主管共事呢？

根據調查，在職場中有六成工作者並不認同自己的主管，主管就跟婆媳相處中的婆婆一樣要被討厭很簡單，但要深受人愛戴簡直比登天還難。

我第一份工作離職就是因爲很討厭當時的主管，我不喜歡他無理的工作要求、亂砍費用，不愛他沒禮貌的對待部屬，更討厭他對我有成見和敵意。

每一次午餐和聚餐，主管永遠都是我們共同抨擊的對象，只是回到與他的互動相處中，大家又對他畢恭畢敬，無所不用其極的臣服於他的管理教導。反觀我則是硬著脾氣和成見，雖不到和主管撕破臉，但他也能明顯感受到我對他的厭惡之心。

要離開前兩個月，在部門送我的生日賀卡中，他只留了四個字：「學會臣服」，你就知道我們之間的關係已到達互相討厭的境界了。

過了十多年他依舊在組織中生存著，雖然我現在的狀態也很理想，只是倘若時光能重來，與他在工作上磨合的那段時間，我會試著改變一些方式與他相處，讓自己那一年過得不憂鬱且快樂些。

每個人討厭主管的理由千百種，最常被提及不外乎這五種：

毫無專業能力：專業或相關經驗遠不及於你，遇到問題請教他一問三不知，無法給予指導，提案報告願意聽取意見就還好，遇上沒專業本事又堅持己見的主管，最令人頭痛。

沒擔當：出事了全部推給你或部門來扛，將自己置身事外，然而有功勞時卻搶著說自己領導有多厲害。

態度強勢：支配著所有事情，全要照他的原則、方法行事，又總愛做樣子要部屬提出想法意見，卻每每給予批評責備，與他工作總是戰戰兢兢大有壓力。

小心眼：主管對你特別不欣賞，工作中找麻煩、挑剔，或不理不睬、說話口氣態度差，一副擺明針對你。

個人喜好因素：你就是看不慣、看不過、看不爽主管的做事思維方法、待人處事、領導風格……等。

然而主管之所以成爲主管，一定有他的原因或價值，有些人或許沒專業但善於其他管理或溝通技能，雖沒擔當但部門就是績效佳。在公司有主管當靠山，也有可能是國王人馬。

反正只要他掛著主管頭銜，你就得認清一個事實：「他是主管、你是部屬，在職權上他就是在你之上，你就是在他之下。」

彼得・杜拉克曾說過：「你無需喜歡你的主管，但你也不用痛恨他。只是你必須管理他，讓他變成你達成目標、追求成就及獲得個人成功的資源。」

因此你不一定要讓主管喜歡你，但千萬別讓他討厭你，這兩件事你得謹記在心。

要尊敬：對主管該有的尊敬和稱呼請別忽略，基本的招呼、回應、態度都該有下對上的樣子，別把主管當空氣，更別擺出高架子對主管完全不理睬。

勿互鬥：主管強勢你比他更霸氣，往往都只是一旁同事說你好勇猛，不過後面苦日子卻是自己擔，對主管有再多的不滿，也沒必要把話說絕，撕破臉只是阻礙自己未來工作上的資源和後路。

主管不像父母會包容你所有的不禮貌，你和他之間關係的結束，也難以像男女情感可以老死不相往來，他可是有機會成為其他公司徵查你的關鍵影響人物，身為部屬我們還是得識時務者為俊傑。

你可根據自己的處事風格，再依據主管的個性習慣，從以下方法中試著改變和你討厭的主管相處模式。

同理心應用

同理他的情境，你無需換位思考主管這角色，畢竟你未曾在他那高度，你置換的是場景、情境、事件，或許就能體諒他的難處，有機會降低討厭度。

例如：被要求年度部門成本降低二成，仍要有過去的產量和品質，當你面對這樣要求時會有什麼樣困境與感受?他每天有開不完的會議，桌上堆著整疊待回覆公文，以及同事們等著要來溝通的事件，沒有一件事可以放著不理，那是多大的時間壓力。

觀察模仿

看看其他同事是怎麼與他相處的，哪一個人的模式你認爲比較舒適自在，刻意請這位同事喝杯咖啡，將你的問題做簡單的闡述，並請教他與主管相處和共事的方法技巧。

例如你可以問同事：「我和主管溝通時，他幾乎都不看我，也不願意多聽我講，你怎麼做到讓他願意聽你說，並且還採取你的建議？」「我每次送上去的報告，總是被一改再改，主管看報告在乎的點有哪些？」

私下交流

和主管公出或出差只有你和他的時間，找個適合交流的時刻，你可以用婉轉的方式表述自己對他的感受，也或者請他爲你解開某些事情的疑惑；平時理性思考的主管不在辦公室裡相對願意交流內心話的機會較大。

例如出差時，兩人一起用餐、一起在車上的時間，你主動先提及：「經理，您認爲我在工作上的強項以及待加強的地方有哪些？」「關於××專案，我其實一直很想知道當初主任沒有分派給我的理由？除了會議上的說詞外，是不是還有其他的原因，可以請主任讓我知道嗎？」

任務導向

當兩人的關係形同冰山時，就別想著要在主管身上尋求認同或讚美，而是讓彼此目標一致，讓工作專案、任務成爲你們共通話題，適時的給予回報並向其取得資源，讓主管看見你的生產力，彼此的信任度自然益增。

如果你喜歡你的工作內容、環境以及同事，就只是受不了主管，那麼另謀出路是萬不得已的最後一條路。倘若這份工作眞的讓你痛苦萬分、度日如年，那我則奉勸你何必撐在這比誰氣長，贏了其實也是輸。

工作中的你有強項，勢必也有弱點，主管當然也不例外，別用高標準的尺來檢視、要求他，多看看他的強項，會發現他在討人厭之外，也會有讓人喜歡的一面或一個點，不是嗎？

與主管的相處模式	你可以這樣做
同理心應用	同理主管的情境，從場景、情境、事件來體諒
觀察模仿	參考或請教其他同事和主管的相處模式
私下交流	在公司外的地方，婉轉表述對他的感受或疑問
任務導向	讓彼此目標一致，讓主管看見你的生產力

狀況5

愛聽奉承的主管，我該如何說「到位」又不惹人厭？

有次我去一家企業內訓，遇到Tony和Rex這兩位從環安部門轉調至品管部門的新成員，在課程中，當我提到「專業類型領導」的管理特色：「喜歡像老師一樣主動給予教導，不斷修正調整員工的成果展現，重視績效、效率和完美，說話直接不加修飾、要求講重點……。」每講一個特點，他們就會點頭如搗蒜的大表認同。

中午用餐與他們共桌，大夥有說有笑的東南西北亂聊，不過在處長加入後大家忽然變得很安靜，尤其是Tony和Rex更是顯得緊張不安，相當不自在。

一陣寧靜中處長打破沈靜的說：「Tony你要跟卡姊好好學學，卡姊年紀輕輕就這麼厲害，溝通很重要的。」

Tony立刻放下筷子挺直身體回應：「處長，您說的是，我上課有很認眞做筆記。」

處長接著說：「其實有些溝通技巧平時也教過你們。」

Rex迅速地說：「是，處長我們平時都跟您做學習，你是我們的楷模。」

一旁的我盡速接話：「Tony和Rex今天在課程上非常投入的與同事互動和做討論，下課後還主動幫我加熱茶，非常細心和貼心。」

處長聽完笑著點頭的同時，他們不約而同的說：「處長，都是您教得好。」

處長假假的笑著呼應：「不錯，你們兩個也學會奉承了，我知道這些都是奉承的話，但我就是愛聽。」

的確，有些主管特別愛聽部屬的阿諛奉承，尤其在大庭廣眾下，只是**奉承的話不到位，有時反而會弄巧成拙得不償失**。

在我了解這位處長的溝通和領導風格後，我刻意做了幾個橋段，說了些話讓主管轉移目標，別再一直針對他們兩位。這是我第一次與客戶用餐時希望時間快轉，快快結束這場假來假去的戲。

一想到這兩位年輕的孩子每天必須與這位主管溝通互動，我想他們每一句話應該都說得膽戰心驚吧！果不其然，下課後，兩個人都跑來跟我訴苦，不知如何跟這樣的主管相處，更不知道到底要如何奉承才會讓主管真的喜歡，更怕自己過頭了被同事排擠。

我問了Tony和Rex：「主管眞的是要聽奉承的話嗎？」

他們又異口同聲地說：「不是嗎？剛剛吃飯時卡姊妳也有聽到他說他愛聽啊！而且這不是他第一次這樣說了。」

與其說是「奉承」，我倒是喜歡翻譯成：「誰不愛聽好話呢？」只是在說好話給主管聽時，如何說得更深入人心，**讓聽起來是奉承的話，轉變為好聽卻不到狗腿諂媚的程度**。以下建議了五個技巧你可以交互使用：

1. 求教於他

說完主管好棒棒後，再追加一句「可以請主任教我如何……嗎？」。例如：一直搞不定的顧客，主管搞定了，你可以眞誠的說：「主任，您好厲害呀，請問您可以教我之後如果再遇到這種在乎價格又要快速交期的顧客時要如何應對嗎？」

記住要用「教」而不是「告訴」，因爲他是主管，不是你的部屬，這麼說才能顯現主管的優越感。

2. 出自於他

「都是您教得好，我們都是跟您學習的」，換句話將它說成：「我過去……都是您教我……所以我才有辦法……。」。例如：「我過去簡報總是無法清楚表達，都是您教我利用便利貼法，我才有辦法在這次的處月會中精準的做好簡報。」

這個說話公式會讓實事求是型的主管更加買單，也深信你是眞的在謝謝他，而不是要嘴皮子而已。

3. 源自於他

不僅讚美本人，還可以在他面前讚美跟隨他多年的資深前輩，例如：「來到品管，Nina姐總是不遺餘力的指導我們，常與我們分享如何提昇工作效率和品質。」

這道理就像父母聽到別人讚美自己兒女一樣的具有成就感，主管會主動投射是因爲他教得好。

4. 功歸於他

當你在大眾前受到肯定讚美，無論主管是否在場，都別忘了將功勞分點給他。像是：「這次廣告效果出奇地好，其實是主任您很力挺這案子。」不過要記得，別將沒有的事說成有。假使他不力挺，我就會這樣說：「這次廣告效果出奇地好，要謝謝主任過程中提及成效上的擔憂，讓我更全面地做妥善計畫。」

這招背著他說效果更是事半功倍，因爲透過第三者傳到他耳裡的讚美（奉承），不會有半點懷疑你是刻意狗腿，力道反而是最強大的。

5. 崇拜於他

主管身上總有些特質或能力是可以讓我們加以崇拜的，尤其那些點又正好是我們所沒有時，你就越要刻意說出來，例如：「經理，您對數字的敏銳度好強，每一個數字您都記得一清二楚，不像我都刻意背了，卻還是記不起來。」

我之所以刻意將「崇拜於他」這技巧放最後，是因為你的主管若有你可以學習之處，那就前四個技巧輪著用，不需要用到第五個，不然你可能會很討厭自己，想著「不就是來工作而已，為什麼得一味討好主管」。

孩子越誇越優秀，好男人也都是被誇出來的，那同理可證，愛聽奉承話的主管當然也不例外。

如何向主管說好聽話	你可以這樣說
同理心應用	「可以請您教我如何……嗎？」
觀察模仿	「我過去……都是您教我……所以我才有辦法……。」
私下交流	讚美跟隨主管多年的資深前輩
任務導向	將功勞分點給主管
崇拜於他	刻意說出崇拜主管的特質或能力

資深工作者向上管理靠影響力

最近這三個月我著手研發「人際管理電影院」的企業培訓課程，第一部作品選了《高年級實習生》。這部電影我反覆看了近三十次，更是花大量時間分析電影中的三個議題，其中有兩個和向上管理相關。

首先是，職場上不受主管重視甚至是被冷落的工作者，能不能夠靠自己翻身，有機會翻身嗎？再者，具備專業又資深的工作者又該怎麼影響或改變主管的決策呢？

我整理了許多電影中的主角高年級實習生——班和主管茱兒雙方在溝通互動上，後來改變互動關係的具體行爲，恰好後來在我讀到《影響力》這本書時，意外的找到一個又一個的原理，來證明爲什麼班的行爲能夠讓自己從被茱兒冷落轉變成受到注意，最後被加以重視。

順著電影的時間軸來看班的反應和行動，用原理來套入解說，你也能將其應用回你的職場向上管理中。

電影一開始茱兒面對班就直接表明：「我是被迫讓你跟著我實習，我不會給你太多工作，況且依你的年齡和過去的經驗狀態，你去到行銷、企劃部門會比較輕鬆適合，你提出我就會把你轉調過去。」

會這麼說話的主管性格上屬於直來直往型，你在回話時也無需迂迴婉轉，班的選擇是跟定這位主管，當然，下場就是被打入冷宮中。

在這你可以思考兩個問題：

1. 你是班，你會選擇跟著茱兒，還是聽從建議轉調其他部門呢？

2. 若是選擇留在茱兒身旁，但始終被主管忽視冷落，你又該怎麼辦？

影響力的原理中其一是「**喜好原理**」，班的策略是努力融入成爲團隊的一份子，他向公司中比他年輕但有工作專業者請教關於公司的業務，他主動幫忙一些同仁的行政事項工作，並也教導和他同期的實習生專業的知識，這些行爲不單是深受同事們的喜好，更是引起了主管的注意。

影響力原理之二「**互惠原理**」，也是班用來扭轉主管印象的首要方式。先付出給予主管所在乎的東西，電影中班整理了茱兒一直看不慣的公共桌面，這時不單能稍加提升主管對你的喜好度，更是會讓主管產生虧欠感，因此主管立刻給予班獎勵。

班也同時將互惠原理用在欣賞主管對於工作的挑剔、親自指導上，以及私下閒談中以恭維的話一再讓主管茱兒感受到「我眞的很欣賞妳的專業能力」。

這個互惠原理的應用就像是粉絲追著偶像，即使這偶像不喜歡這位粉絲，但看著他爲自己的付出或表達愛意，偶像還是會笑嘻嘻的照相、握手或打招呼。

如何從被漠視到被看見，綜合以上兩個影響力中的「互惠」和「喜好」，你可以這樣做，先給予付出主管在乎的東西，可能是績效、某個專案、工作環境氛圍，也有可能是主管個人工作外喜愛的事項，例如：棒球比賽、演唱會、美食、品酒、書……等。（其實這原理也能應用在你和主管關係良好，你對他有所請求前你先施予恩惠，便能增加主管的順從度。）

而當主管有微微關注到你後，才接著將喜好原理應用在他身上，讓自己不斷在他面前曝光，展現出好的表現。舉凡像是精準表達、高效率的工作進度、超出他預期的工作成果，這就跟近水樓臺先得月道理相似，加上時不時輔以恭維（不是拍馬屁）主管的話，讓他對你的好感度一直往上飆升。

要如何從被看見進入到被重視的階段呢？要如何讓自己不只是被主管喜

好，而是能成爲主管信任、依賴的關鍵人才，甚至是接班人或左右手呢？

電影中茱兒被股東要求得從所提供的名單中，從外部找人來擔任公司CEO，因此茱兒到處去面試這位人選，跟在茱兒身旁實習的班，在與主管對談中以及每次聽著主管與合夥人的對話內容，還有從主管表情和言語中，都能去捉摸拼湊出主管內在眞實的聲音。

更重要的是與主管間的幾次閒聊：留下來加班時一起用晚餐、出差的路途中互吐心事，這些相處時間不完全只談公事，還會談到各自的興趣、喜好、婚姻狀況、工作經歷等，這些雖和工作毫不相關，但了解彼此越深越能清楚對方的性格、抱負、喜好，這些特色的掌握反而更能在重要時刻讓你的話語深得主管的心。

班在被主管調換座位、並賦予重要任務，且第一次向她做口頭報告時，不僅能快速回應主管，還能精準無誤地指出一堆數據中的重點和個人觀點，展現了十足的專業權威感，這就是影響力中的「**權威原理**」，此影響力在無形間會漸進強化主管對自身的信任感。

劇情最後班想要茱兒翻盤她所做的決策，班應用影響力中的「**承諾和一致原理**」，以主管過去的言論、行爲、態度和成果，來影響主管保有一制性的信念，進而才說服她改變接受異見。

這時若是以專家權威方式來溝通，最後免不了成了辯論大賽，往往有主見的主管即使知道你的建議是最佳方案，不過爲了彰顯他的職權在你之上，反而會刻意不加以採納。

從被看見到被重視的這個階段，除了以「權威原理」和「承諾和一致原理」外，和主管間別只談公事，騰出時間喝杯咖啡、吃個點心、抽根菸是最容易獲得資訊和強化關係的好機會。

其實處在你之上的主管是很孤單的，職權越高就越難以啓齒開口和別人談心聊天，但誰都希望能被聽到內心的聲音，只要是人都希望能夠得到支持，有時也需要被鼓勵。

主管的苦只有身在那個位置後你才會懂，就像當了父母才能體會父母的苦心，如果你相信善有善報，不妨主動對你的主管釋出更多好意，成爲他在辦公室裡的朋友角色，將來當你升到那個位置後，你一定也能招來幾位天使部屬而不是一整群魔鬼。

這本書，雖然是告訴你要如何和主管溝通，進而達到目的、讓工作順利。但也藉此機會讓所有工作者想想：如果你有升遷機會，卻擔心之後被部屬討厭且邊緣化；或者你已經是主管，而苦於總是搞不懂部屬的想法，相信都能在本書中，找到「原來部屬這樣想」的解答。

離職要怎麼提，才能好聚好散？

開口提離職是門學問，要能不拖泥帶水走得漂亮、又能和主管不撕破臉得到他的祝福，更是門藝術，畢竟產業圈子不大，主管尚有可能是未來公司做徵信時的推薦者人選，所以你一定要說得漂亮走得精彩。

向主管提離職務必掌握：「親口說」和「拐彎說」二大原則。

離職提出親口說：別讓主管在聽你說之前早已聽聞其他人提及，那會讓主管有失落感，心裡不是滋味。在你萌生離職念頭或準備找新工作時，別到處嚷嚷，職場上那些說會爲你保密者，還是別相信吧！

該如何開口呢？你可以客氣地說：「**主任，我想和您約個時間談論關於我的職涯規劃。**」除非主管很菜，要不然聽到這句話心裡已有底了，他自然會安排單獨隱密的空間和你對談。

向主管開口的時間點選在下午，比一大早或下班前好，週二三四比週一和週五優。最後要看主管手中有沒有在忙緊急重要的事，如果能在他心情好時提出，在天時、地利、人和下比較容易有好氣氛。

切記別用郵件、訊息、Line提出離職通知，更別直接向人資單位拿離職申請單，填寫後以公文方式送呈主管，當面親口說，這是成熟工作者該有的展現。

離職原因拐彎講：在你開門見山提出離職的計畫和時間點後，不免俗的主管一定會詢問原因，假使原因是因爲人的相處、工作環境限制、制度不善、缺乏升遷機會、工作毫無成長挑戰……等，這些主觀因素你可別笨笨地直話直說，想說反正要離職了，當個救世主解救其他同事，說出來讓主管有機會做些改變。通常會改變的只有主管對你的態度，這態度會完全反應在你提出離職到離開公司的那一天，心眼小的主管會認爲你在針對他，至此之後的離職程序反倒會百般刁難或置之不理。我們只是要離開，沒有必要冒這個險。

建議你說些客觀且讓他無法拒絕你的因素，像是：家庭因素（距離、時間）、個人生涯規劃專業技能成長，主管也是離職過的，當然知道這些都是客套說法，只是聽這些話絕對比聽眞話耐聽又舒服。

當面開口提出後，放人與不放人的主管，都有不同的反應類型，這些反應都影響著你的應答模式，以及離職前你該刻意強化哪些行爲或態度，讓他開心送你離開，未來在生涯上不僅不會是絆腳石，反而還有機會助你一臂之力。

放人：公事公辦型

和這類型主管提離職，原則上他們就算不希望你離職，他們依舊會像公務單位般的受理著你的案件，詢問你離職原因、預計時間點、未來的規劃，這些資訊是他向上呈報的依據，接著他不會立刻和你談後續安排，而是要你給他些時間，等待他向上呈報後再主動找你討論。

在你等待的這段時間，可以先擬定需要交接的項目清單，以及後續進行中或工作交接的時間計畫點，當主管再次找你談時，你就能立刻請他幫你檢視補上他所期待的交接項目、對象、時間……等細節資訊。

公事公辦型的主管在乎的是離職後下一位工作者能否順利接手進行，每件事交代得清清楚楚，每個檔案分類明確，是否做好交接工作，會是他最後評價你的標準。

放人：冷漠無情型

其中一種冷漠的主管聽到你要離職，會冷冷的回應你「哦！嗯！」，這表示他知道了沒問題，他如果有要留你也是用冷冷的口氣對你說：「你再回去想清楚一點，確定了再來跟我報告。」

另一種無情的主管在聽完後會翻臉暴怒，用話語來酸你，像是：「我這麼辛苦培養你，說來就來說走就走，反正都要走了，那就別拖了立刻走吧！」

這兩種極端行爲展露的主管，別因爲他們的無情或冷漠就以擺爛、混日子等待離職日的到來，即使已無關績效考核了，你反而要更積極在工作上，拿出極佳的成果來。他們是那種面惡口惡卻心善的人，讓他們對於你有始有終的敬業態度留下極佳的印象，或許未來有機會是你另一段職涯的轉介者或貴人呢！

不放人：拖延迴避型

拖延的主管在得知你要離職之後，最常用的留人方式是會用一個又一個的專案來牽制住你，也或者請求你幫忙到他找到新人，不過專案永遠一直有新的，而人也老是一直找不到。

另一類迴避型主管，他從得知你要談離職，就開始用很忙當藉口，不想和你談這件事，你給的信件或訊息都呈現已讀不回，心想能拖就拖，看你會不會就放棄了。

你若要離職就要看破他們的伎倆，他不找你、你就找他，明確且清楚地一直讓他知道你壓給新公司的報到日期，同時著手整理交接文件清單。唯有你的大動作才會讓主管認眞看待此事，讓他從被動到積極的安排後續接手工作。

提醒你，離職程序一定要辦好辦滿，尤其是交接清單上主管或交接人的簽名，別到了離職當天才發現少什麼而走不了。

不放人：利益誘惑型

遇上這類型主管其實很苦惱，一方面對於他所提出的工作職務調動、晉升加薪、未來部門或公司願景，會容易心動而動搖離職的意志，另一方面他會持續地利用開會、用餐、聚會、在茶水間的各種空檔時間，不斷以關心你的方式，想把你勸留下來。

遇上這樣的主管一則以喜一則以憂，喜的是你一定很好用，無論是工作表現、配合度和與他的互動默契，都讓主管不想再找一個新人來替代，或重新訓練培養；憂的是主管都很會畫大餅，甜頭大概也只有瞬間發生，這樣的離職循環只會一再發生。

遇上這類型主管，走不走得開其實關鍵在你的堅定，每當他提出多好的未來，甚至做出些行動（升遷、加薪），你都要明確表示你毫無改變離職的決定，當他吃了幾次閉門羹後知道大勢已去，他就會死心且奉上祝福。

最後提醒你在職場上千萬別拿離職作爲和主管談判協商的條件，有時就算你要到了你要的條件留下來，也很容易引起同事對你另眼相看或說閒話，而主管對你的忠誠也會打上問號，這些無形的枷鎖，反而容易讓你在職場上受阻礙。

確定了才開口提離職，提出了就別再留戀。

主管類型		你可以這樣做
放人	公事公辦型	完整的做好交接工作
	冷漠無情型	更積極在工作上，拿出極佳的成果
不放人	拖延迴避型	離職程序辦好辦滿
	利益誘惑型	明確表示你毫無改變離職的決定

【快·問·快·答】

卡姊～
如果我的主管〇〇××，
怎麼辦？

Q01

顧客的不合理要求，其他部門同事無理的應對，主管不相挺就算了，竟然還要我們居於弱勢的順應、迎合他們，我們難道不是人嗎？

A

你遇到了不愛紛爭又怕惹紛爭的主管，他處世以和諧、圓融為最高準則，其實私下他也是抱怨聲四起，他就猶如傳統家庭裡的小媳婦心態，不滿都往心裡放，表面還要裝大方。

你問說：我們難道不是人嗎？卡姊告訴你：你一定是人別懷疑！然而主管是這種小媳婦性格的人，整個部門就會跟著難以擺脫這樣的宿命，你可以選擇順應主管的期待，也能選擇捍衛爭取自我權利到底，當然你還能選擇逃離這個枷鎖，就是千萬別說你毫無選擇。

Q02 愛上主管了怎麼辦？

A 倘若主管單身，想辦法讓他也愛上你，只是修成戀人後公私容易混為一談，建議你請調其他部門、調店點或直接換工作，這樣才能同時維持好感情和工作。

主管若非單身，那就換個角度欣賞、學習他在工作職場上的長處、優點，感情呢？建議還是不要的好，單戀是很辛苦的。

Q03 主管忙到無法當面做溝通，往好處想是信任授權，但過程中完全沒機會討論，其實很無助？

A 時間和女人的胸部一樣，硬要擠還是擠得出來！你可以從一週一次十分鐘做要求，當然你就得好好利用那十分鐘。討論過程中要能精準提出問題、表述有邏輯、同時又能帶出些新觀點或做法，讓他認為花這十分鐘相當有價值，而非浪費時間。

若每次的對談不單是你得到討論、協助，他也能從中有所啓發收穫，說不定下次換成是他主動約你時間。

Q04 跟主管提出問題後，他不是顧左右而言他、扯其他的事情，就是已讀不回，我到底要怎麼跟他溝通？

A 他已擺明不想和你溝通此事，你又何需苦苦逼他呢？就暫時擱放著吧！而你也別將這事一直放心上，這狀況就和夫妻間相處是一樣的，有些議題對方不想面對，一直逼他只會得到反效果。

不過有一例外，若你要提離職，主管卻刻意避開不回應，方法請參考P249，另外建議你務必留有文字記錄，未來有所爭議時，你至少能提出證據來幫自己說話。

Q05

遇到跨部門的主管，要怎麼讓他也願意站在我們部門的專業和角度來溝通，而不是一味的本位主義，或拿官階壓我？

A

不本位主義很難啊！全公司大概只有沒擔任部門主管的董事長和總經理做得到。平常跟這些主管多少打些交道，才有些許機會讓他因為與你之間的交情，多站在你的立場想。

當然，如果你去找他溝通事情前，先釋出好意，表達能為他部門帶來利益，基於互惠原理，自然就會提升他也要為你著想的意願。

Q06

主管根本龜孫子，不好開口的事都要我一個人自己去面對高階或其他部門主管溝通，遇到他不想處理棘手的人、事要我來，到底誰才是主管？

A 主管如你所言是龜孫子，因此他只會躲在背後不出面，你就當作是歷練的機會，心裡可能會好過一點。另外就因為他是主管，所以他可以命令你，想辦法爬到他上面就能換你命令他囉！

Q07 主管很會搶功勞，明明就不是他做的，卻臉不紅氣不喘地說自己有多厲害。

A 這跟很多家長如出一轍，學校是孩子苦讀非爸媽考上的，但多數爸媽都會認為是自己的付出換來的，認真說爸媽也不完全是沒功勞，或多或少還是有些。你遇上的主管就和這類型家長一模一樣，重點是你的這些功勞，立在他身上後，薪水有沒有也加一些在你身上呢？

Q08

規則都主管說的，卻要我在部屬面前當壞人，自己卻用好人身分現身。

A

管理學上依據主管的管理風格，分成X主管和Y主管，X主管在員工心中像是黑臉，Y主管對員工而言則是白臉，擺明了你的主管想讓團隊的這些部屬們都認為他是個「好好主管」，壞人當然就只能由你來當。

扛起主管給你的壞人角色，但讓自己也能在需要時變成好人角色，可以當壞人又能當好人的，才會是部屬心中最值得追隨的主管。

Q09

我的主管相當績效導向，對於部屬完全忽略關懷和鼓勵，身為主管的我該如何當個好橋樑？

A

好人當到底是成為好橋樑的方式，每當他對部屬賞完巴掌後，你就得私下假借主管名義給予安撫和鼓勵。當給予部屬一些好處時，像是：加薪、升遷、專案機會……等，都能強調表明是你和主管共同研商後給予的。

就讓你主管來管事，而你負責團隊間情緒和人際的微妙互動，「他就是刀子嘴豆腐心」這句話將會成為你常掛嘴邊和心裡的一句話。

Q10 主管總是短視近利，無法長遠規劃，只管向前衝他想做的事，背後其實還有很多事情是要考量，跟著他做事很沒有安全感，甚至也看不到未來。

A 馬斯洛的需求理論告訴我們，一個在你面前快餓死的人，你不會跟他談健康飲食，而是讓他迅速進食，從快餓死到不餓，再從不餓到很飽，這時候來談怎麼吃得健康，他才聽得進。

依此類推遇到短視近利的主管，這時請別浪費唇舌要他看長遠，而是先滿足他要的短期成果，拿出成果後你才有機會影響他做長期規劃。

Q11 主管老認為我工作太少、太輕鬆，覺得我可以再多做一些，可是我覺得剛剛好怎麼辦？

A 那就是你平常太默默做事啦！你身旁有沒有一種同事，老是哀哀叫事情一堆，甚至常常加班，但認真看他好像也沒做什麼，不過主管卻對他印象深刻，甚至給了他很多資源或支援。

高調做事就是你該做的，要學會在主管面前出聲，有意無意地哀嚎一下事情做不完，加了多少班犧牲了多少假日，主管有時不是瞎了，而是他忙到沒時間去關注你，唯有你自己能幫自己現身。

Q12 我將所看見的問題回報，主管認為責任區分不在我們部門，所以選擇等再上一階的主管來追了再處理，我只能用這麼消極的方法工作嗎？

A 又是怕惹事的主管，他消極你積極會像跳著雙人舞，一方不動一方卻要前進，搞得彼此都不舒服。你可以表面消極、內在積極，先將問題的解決方法給備著，當上面追來時你才能從容應對。

容我雞婆的提醒你，千萬別在這時候跟你的主管說「我早就跟你反應過這個問題了」，他很有可能會惱羞成怒。

Q13 主管的太太是助理，在很多事情上，太太很喜歡打小報告，要怎麼預防？

A 這簡直就是在監視器下工作，別無選擇的你只能在鏡頭前演出主管所期待的模樣，在這現實的社會，就是要做給主管看，有時甚至刻意展現優異，讓這助理兼太太幫你在主管面前美言幾句，反用她也不賴。

其實你更要小心職場中有種人表面跟你同一派，讓你信任他，從公到私都能無所不談，而你的話卻被他一一流傳分享，你怎麼死的都不知道。職場上還是規矩行事，少說抱怨的話為上策。

Q14 主管很無能，什麼都不會就只會出一張嘴。

A 誰說主管無能了，出一張嘴就能將團隊成績給帶出，這就是一個厲害的技能了。你有沒有看過有些主管，怎麼樣都喊不動或帶不起來團隊裡的成員或績效？優異的領導者就是要能做到動嘴、動腦卻不用動手，用他的經歷你的精力來做好他想做的事。

Q15 主管老是愛問我個人的私事，我可以選擇不回答嗎？

A 你的私事當然可以選擇不回答，只是要忍住心中最想回的「關你屁事」字眼即可；委婉但明確的表述你不喜歡被問及個人私事，請他在和你的互動中別再給予這方面的關懷。說出來吧！說了至少有機會一勞永逸。

Q16 有時候主管會希望我們可以像朋友一樣，但有時候會希望要得到我們對上司應有的敬重，這尺度該怎麼做？

A 這種不一致的主管還真難伺候，尺度上的拿捏我沒有標準答案，得透過你自己的觀察。就好像去到國外旅遊，每個國家都有他們自己的風俗民情和禮儀習慣，靠自己經歷後便能摸清楚主管在什麼場合、情境，甚至是心情下期待你跟他是朋友還是君臣關係。

倘若無法判斷，先以敬重關係來相處是最保險的，反正這樣的主管覺得你太認真時，他會主動要求你放輕鬆，被要求放輕鬆絕對比被說沒大沒小來得好，不是嗎？

Q17 不能從主管身上學到東西？

A 為什麼一定要從主管身上學到東西呢？以前讀書時不也有些老師，我們無法在他的課堂上學到什麼，但我們總有辦法讓那一科目過關，職場上也是如此。

主管無法帶著你提升成長，那就自己找個同事或其他部門主管做為請教、學習的對象，將其視為標竿追求，不是也可以嗎？想學習其實人人都可以成為你的老師，不一定要是主管。

Q18 主管們是皇親國戚，常裡外不分或仗恃著自己是老闆人馬，完全不做事也或者知法犯法，身為部屬是要睜隻眼閉隻眼，還是兩眼全瞎呢？

A 聽他說話時耳朵一定要打很開聽清楚，保持清晰的腦袋，就可以留下一些證據記錄。他要做的事你無能干預，眼不見為淨自己會好過一點。

不過他若要你淌進渾水裡，在你選擇同流合污前，一定也要能接受出事了他能保你一時，但絕無法保你一輩子。出事了你甚至會被他推出來當替死鬼，而他則是「國王人馬」了不起被唸個幾下。你可就沒這麼好過了。我無法給你建議，只能分析給你聽最糟的狀況，冒不冒險就看你自己了。

Q19 FB不知名原因被主管封鎖？

A 這是多少人夢寐以求的狀況，大家都害怕私領域被主管盯上，常常都要鎖這鎖那的才敢發一篇文章，大大恭喜你解脫了，你也可以鎖回去，互相不給看也是一種解法。若你還是很在意莫名被封鎖一事，就當面陳述你的感受問主管：「你把我給封鎖了（事實陳述），我的感受不舒服（感受描述），想知道是為什麼（要求回應）？」唯有自己去解鎖，你才會放過自己，否則不舒服的只有你，因為主管根本不會知道你很在意。

Q20 主任心中的紅人同事，其實在工作態度和行為上都讓同事們很困擾，我跟副主任反應問題後，他要我直接去跟主任說，我真的要直接跟主任反應嗎？

A 萬萬不可挺身而出，別上了你們副主任的計謀，看來你們副主任也被這位主任眼前的紅人惹得很苦，他想要利用你借刀殺人，你可別傻傻的想說副主任會挺你，也別想說說完後主任就會加以管束這位同事。

主任一定知道這位同事的行徑，他不是看不見，只是不想說不想點出，而副主任一定很不喜歡主任處處包庇著這位同事，卻又不敢指正出主任的縱容態度，而你千萬別捲入這場隱形的戰場中。就算你要離職不幹了也都緊閉著嘴，因為你說完不會改變任何事，只會讓主任說你不識相以下犯上。

主管各種型態都有，不想被找碴，不想踩到地雷，想要和平共事，想要備受重視，其實從面試時你就可以透過主管的言行舉止來做觀察，並加以研判未來在與他工作時他有可能的行爲或態度。

一起共事後，和主管不用是朋友，但也別成爲仇敵或陌生人，和主管的互動考驗一定有，記住在不同情境下，務必先判斷主管類型，再決定如何出擊，讓主管成爲你的最佳推手。

緣分到了要分離，也請好好道別，因爲世界眞的不大，產業眞的很小。

VWJ0030

麻煩主管，請不要再找我碴！
說服、超前、力推、換位、跳脫，用五招「出色溝通」管理你的頂頭上司

作　者—莊舒涵（卡姊）
主　編—林潔欣
企　劃—王綾翊
美術設計—比比司設計工作室
內頁排版—游淑萍

第五編輯部總監—梁芳春
董 事 長—趙政岷
出 版 者—時報文化出版企業股份有限公司
一〇八〇一九臺北市和平西路三段二四〇號三樓
發行專線—（〇二）二三〇六—六八四二
讀者服務專線—〇八〇〇—二三一—七〇五・（〇二）二三〇四—七一〇三
讀者服務傳真—（〇二）二三〇四—六八五八
郵撥—一九三四四七二四時報文化出版公司
信箱—一〇八九九臺北華江橋郵局第九九信箱

時報悅讀網—http://www.readingtimes.com.tw
法律顧問—理律法律事務所　陳長文律師、李念祖律師
印　刷—勁達印刷股份有限公司
一版一刷—二〇二一年三月五日
一版二刷—二〇二一年六月二十二日
定　價—新臺幣三五〇元
（缺頁或破損的書，請寄回更換）

時報文化出版公司成立於一九七五年，
並於一九九九年股票上櫃公開發行，於二〇〇八年脫離中時集團非屬旺中，
以「尊重智慧與創意的文化事業」為信念。

麻煩主管，請不要再找我碴！說服、超前、力推、換位、跳脫，用五招「出色溝通」管理你的頂頭上司 / 莊舒涵（卡姊）著 . -- 一版 . -- 臺北市 : 時報文化出版企業股份有限公司 , 2021.03
面 ; 公分 . -
ISBN 978-957-13-8654-6（平裝）
1. 職場成功法　2. 溝通技巧　3. 人際關係
494.35　110001933

ISBN 978-957-13-8654-6
Printed in Taiwan